载脂蛋白E与生殖健康和衰老

APOLIPOPROTEIN E
IN REPRODUCTION AND AGING

主审　周江宁　曹云霞
主编　刘雅静

中国科学技术大学出版社

内 容 简 介

生殖健康是当代世界的重大课题，受到国内外的广泛关注。据世界卫生组织统计，全球不孕不育率逐年上升，已经达到 10%～15%。另外，随着人口老龄化的发展趋势，老年性痴呆的发病率日益增加。不孕不育和人口老龄化不仅成为影响人口健康的重大问题，同时也是影响社会可持续发展的重要因素。本书从女性初潮期、生育期、绝经期到衰老期，系统介绍载脂蛋白 E 在生殖健康和衰老中的作用、分子机制和研究进展，为深入理解和研究载脂蛋白 E 参与疾病发病的分子机制提供理论支持。

本书可供从事生殖健康或衰老相关疾病研究领域的科学工作者参考使用。

图书在版编目(CIP)数据

载脂蛋白 E 与生殖健康和衰老/刘雅静主编. —合肥：中国科学技术大学出版社，2022. 11
ISBN 978-7-312-05469-3

Ⅰ. 载… Ⅱ. 刘… Ⅲ. ①载脂蛋白—关系—生殖健康—研究 ②载脂蛋白—关系—人体生理学—衰老—研究 Ⅳ. ①Q513 ②R169 ③R339. 3

中国版本图书馆 CIP 数据核字(2022)第 107897 号

载脂蛋白 E 与生殖健康和衰老
ZAIZHI DANBAI E YU SHENGZHI JIANKANG HE SHUAILAO

出版 中国科学技术大学出版社
安徽省合肥市金寨路 96 号，230026
http://press. ustc. edu. cn
印刷 合肥华苑印刷包装有限公司
发行 中国科学技术大学出版社
开本 710 mm×1000 mm 1/16
印张 8. 25
插页 2
字数 174 千
版次 2022 年 11 月第 1 版
印次 2022 年 11 月第 1 次印刷
定价 68. 00 元

序

随着时代的飞速发展,出生人口急剧下降,人口老龄化日趋严重,生殖健康和衰老已成为影响我国社会可持续发展的重要因素,成为影响国民健康和国家经济社会发展的重大公共卫生问题。为稳步推进"健康中国"建设战略,开展生殖健康和衰老相关疾病的发病机制研究并进行精准诊断和预防,是生殖健康与衰老领域亟待研究和解决的问题,也是我国经济与社会发展的重大需求。

载脂蛋白 E(apolipoprotein E,ApoE)具有基因多态性,其中 ApoE4 被证实是多种疾病的风险因子。ApoE4 不仅与阿尔茨海默病(Alzheimer's disease, AD)和心脑血管疾病有关,还和生殖内分泌相关疾病密切相关。一个值得关注的问题是,进入自然绝经期之前切除卵巢的女性,患认知障碍、痴呆和帕金森病的风险明显增加。这说明早期雌激素的缺乏会引起女性认知能力的下降,并增加痴呆的风险。而 ApoE 与雌激素的相互作用可能在生殖内分泌和衰老相关疾病的发生发展过程中起到很重要的调控作用。

刘雅静博士及其合作团队在生殖健康和衰老相关疾病领域工作多年。她们分别从生殖健康和衰老相关疾病的发病假说、临床表现、发病机制、动物模型、细胞模型构建等多个方面进行了详实、系统的阐述。书中所述有不少原创性研究发现,揭示了 ApoE4 在生殖健康和衰老相关疾病中的全新机制,对生殖健康和衰老相关疾病的临床诊疗给予启迪。本书不仅可供从事生殖健康或衰老相关疾病研究领域的科学工作者和研究生进行科学研究时参考使用,读者还可以从书中获得灵感,展望未来的研究热点和方向。

作为本书的主审,我见证了本书的精心筹备与玉汝于成。同时,作为本书著者的导师,看到曾经的学生们一直坚持从事 ApoE 在生殖健康与衰老相关疾病中的科学研究,并将多年来研究的经验进行总结,让更多人从中受益,感到非常欣慰。相信本书的出版会受到读者的喜爱。

周江宁

2022 年 7 月

前　言

载脂蛋白E在人体各种组织中广泛存在，是主要的载脂蛋白之一，具有基因多态性，可以调节许多生物学功能，除了参与脂蛋白代谢，还可以调控氧化应激和炎症，其中*ApoE*4型被认为是老年性痴呆、心脑血管疾病、高脂血症、子宫内膜异位症和早发性卵巢功能不全等多种疾病的风险因子。一方面，“提高生殖健康水平，改善出生人口素质”是我国人口与健康战略的核心内容。生殖健康受到国内外的广泛关注，不孕不育和出生缺陷已经成为影响国民健康和国家经济社会发展的重大公共卫生问题。持续走低的生育率一直以来都是公众关心的热点话题，不孕不育相关疾病的病因、发病机制和治疗成为研究的热点方向。另一方面，习近平总书记强调，人口老龄化是世界性问题，对人类社会产生的影响是深刻持久的。我国是世界上老年人口数量最多，老龄化速度最快，应对人口老龄化任务最重的国家。老年性痴呆已成为影响我国社会可持续发展的重要因素。因此，阐明ApoE在生殖和衰老相关疾病中的作用是生殖健康与衰老领域亟待研究的课题，也是我国经济与社会发展的重大需求。

本书共分为6章，杜馨博士和孟凡涛博士参与了第三章、第五章和第六章部分内容的编写。读者可以发现本书涉及面广，从生殖健康和衰老相关疾病的发病假说、临床表现、发病机制，到动物模型、细胞模型构建，反映了作者在某一方面的成果，同时表明我国关于ApoE的研究方面正在迈向创新阶段。本书系统地介绍了*ApoE*基因多态性在生殖健康和衰老相关疾病中的作用以及可能的分子机制，致力于为生殖健康和衰老相关疾病的研究和治疗提供新的思路和方向。希望可以给予从事生殖健康或衰老相关疾病研究领域的科学工作者和研究生一些帮助和启发。

本书经过一年多的努力终于与读者见面了。在其出版过程中得到了中国科学技术大学出版社的大力支持，尽管编写过程中，我们力求准确和全面，但编者深感自己学识有限，书中的疏漏之处在所难免，敬请专家学者和读者能够批评指正，并提出宝贵意见！

刘雅静

2022年2月

目　录

第一章　ApoE 的结构和功能

载脂蛋白 E 是人体内主要的载脂蛋白之一，广泛存在于各种组织中，包括肝脏、大脑、肺、肾上腺、卵巢和肾脏[1]。人体中 *ApoE* 存在三种亚型 *ApoE*2、*ApoE*3 和 *ApoE*4。其中 *ApoE*4 型被认为是老年性痴呆（AD）、冠心病、高脂血症、脑梗死等多种疾病的风险因子[2-3]。同时，近年来研究揭示 *ApoE*4 很可能增加了神经类疾病，特别是痴呆病程相关的情绪类症状的风险[4]。

第一节　ApoE 的结构

人的 *ApoE* 基因位于第 19 号染色体长臂 13 区 2 带（19q13.2）上，基因全长为 3.7 kb，含有 4 个外显子和 3 个内含子。从 5′端到 3′端，外显子长度分别为 44 bp、66 bp、193 bp 和 860 bp，内含子长度分别为 760 bp、1092 bp 和 582 bp。其 cDNA 为 1.163 kb，ApoE 蛋白前体由 317 个氨基酸组成，含有 18 个氨基酸的信号肽，成熟的 ApoE 蛋白由 299 个氨基酸组成[5]。ApoE 含 32 个 Arg 和 12 个 Lys，其精氨酸含量高达 11%，是一种富含精氨酸的碱性蛋白，合成后被糖基化修饰，但血浆中成熟的 ApoE 是脱唾液酸化的。*ApoE* 基因共有 3 个等位基因，分别为 ε2、ε3 和 ε4，并由此产生 6 种基因型，即 *ApoE*2/2、*ApoE*3/3、*ApoE*4/4 三种纯合子型和 *ApoE*2/3、*ApoE*2/4、*ApoE*3/4 三种杂合子型[6-7]。ApoE 分子可以被凝血酶水解为两个主要的结构域，即 N 端区（1～191）为 22 kDa 的可溶性球蛋白，此区域较稳定，该片段的 136～158 位肽段为受体结合位点，富含碱性氨基酸（赖氨酸和精氨酸），也属于肝素结合区；C 端区（216～299）分子量为 10 kDa，螺旋程度很高，不稳定，是与脂蛋白的结合区[8]。这两个结构域由一段绞连区（165-215 位肽段）相连。

通常，许多可替换的载脂蛋白家族成员通过双极性 α 螺旋联系在一起，这些螺旋对于载脂蛋白复合体的稳定性至关重要。这些螺旋的疏水和亲水表面使得载脂蛋白能在结合与脱离脂质的两种状态之间自由转换。ApoE 与人工合成极低密度脂蛋白（VLDL）类似乳剂（磷脂单分子层包裹以甘油三酯为核心）的亲和力可以达到毫摩尔级别。结构功能学研究显示，自由态 ApoE 是一个包含两个独立的结构域的蛋白[9]。通过 X 射线对 ApoE 晶体学的研究发现，ApoE 的 N 末端结构域主要由延长的四螺旋束构成，而圆二相色谱证实 ApoE 的 C 末端结构域主要为 α 螺旋。这两个结构域可以独立折叠，并且结构曲线与全长的 ApoE 一样。每一个结构功能域都负责实现 ApoE 的不同重要功能。位于 4 号螺旋上的 LDL 结合域(136-150 氨基酸)富含赖氨酸和精氨酸残基，主要负责与 LDL 受体(low density liporotein receptor，LDLR)家族配体结合区中的酸性残基结合[10]。与受体结合功能的实现同样需要位于172 位铰链区的精氨酸的帮助。尽管 N 末端主要实现脂质结合功能，然而 ApoE 主要的脂蛋白结合元件位于 C 末端的 244-272 位的氨基酸残基(图 1-1，彩图 1)。

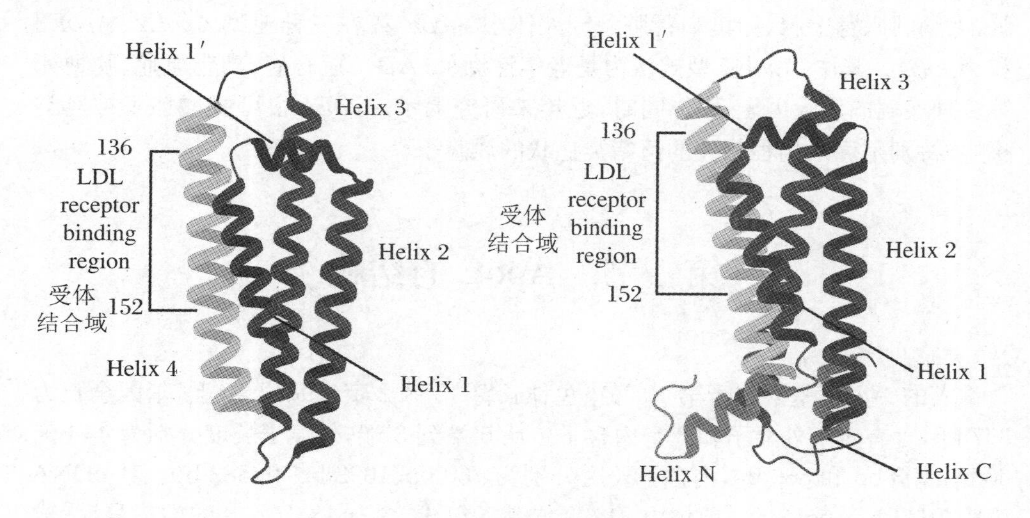

图 1-1　ApoE 的结构

大多数情况下，ApoE 是通过与脂质结合实现其生物功能的，并且这种结合是 ApoE 与 LDL 家族受体结合的前提条件。由于体内的脂质蛋白复合体的组成成分非常复杂，通过人工合成的简单的载脂蛋白复合物用于研究 ApoE 与脂质结合过程中的结构变化成为首选。最简单的模型就是通过 ApoE 与磷脂孵育形成独立的颗粒来模拟 HDL。一旦与磷脂结合，ApoE 就会出现较大的构变。结构学研究表明，ApoE 与磷脂结合形成 α 螺旋发夹式结构。这种 α 螺旋发夹式构象把所有已知的 LDL 受体结合位点元件集中到了一起，这正好解释了为什么只有结合了脂质的 ApoE 才具有与 LDL 受体结合的高亲和力。同样，ApoE3 和 ApoE4 全长蛋白或 N 末端结构域的光谱学研究发现，圆盘状磷脂双分子层的乙酰基链与 ApoE 的螺旋结构形成带状结构，这与模型结果一致。

从进化的角度来说，*ApoE*4 的序列更为保守，与其他动物比对结果更为相似。而 *ApoE*3 的基因频率在人群中的比例最高。同时经过研究已经确定了编码 ApoE 的 mRNA 序列和 3.6 kb 的编码序列，以及控制其表达的基因控制元件。在 ApoE4 蛋白结构中，112 位的精氨酸将 61 位的精氨酸推向水相环境，使得 61 位的精氨酸可以和255位的谷氨酸相连接，产生盐桥结构，从而使得ApoE4蛋白的C末端和N末端联系起来。而在ApoE3蛋白中，由于112位是半胱氨酸，使得这种作用无法实现。在ApoE2蛋白中，由于158位半胱氨酸的存在，154位的天冬氨酸和150位的精氨酸形成了盐桥结构导致了其受体结合域的构象改变，使得ApoE2和受体的亲和力大大下降。X光衍射结果显示ApoE结构具有4个Helix螺旋区，其中的受体结合区域位于第4个螺旋区上[11]。当ApoE与脂类结合以后，这4个结构域经过折叠形成了分子信封的结构，同时与受体结合的区域暴露出来，所以结合了脂质的ApoE蛋白与LDL受体结合具有更高的亲和力。这种螺旋区所形成的发卡结构的好处是，将相关的结合区域集中到了一起，使得反应结构域可以更好地结合相关分子。

第二节　ApoE的合成与代谢

ApoE可以在很多组织和细胞中合成和分泌。肝脏是合成和分泌ApoE最主要的场所，其次是大脑，脑中*ApoE*的mRNA表达总量是肝脏的1/3。ApoE由肝分泌后，与硫酸乙酰肝素蛋白多糖作用，然后与血液循环中的脂蛋白结合[12]。在脑中，星形神经细胞是其主要合成部位，寡突胶质细胞和室管膜层细胞也可以合成ApoE。然而，在各种生理和病理条件下，中枢神经系统的神经元也可以表达ApoE，只是神经元表达的ApoE水平要比星形胶质细胞少[13]。脑梗死可以诱发ApoE在神经元中的表达，并且，体外培养的人和大鼠的原代神经元细胞也可以表达ApoE。另外，一些人的神经元细胞系包括SY-5Y，Kelly和NT2细胞等都可以表达ApoE。据报道，脑梗死可以诱导ApoE在人脑神经元中的表达。ApoE的表达也可以由星形胶质培养上清所诱导，并且星形胶质细胞调节神经元中ApoE的表达是通过胞外信号调节激酶(extracellular signal-regulated kinase，ERK)通路来完成的。体内实验已经表明，受伤后星形胶质细胞中ApoE的表达会上调。

巨噬细胞也可以合成和分泌ApoE，并受细胞内胆固醇含量的调节，是细胞间质液中ApoE的主要来源之一。最近的研究表明，ApoE能以自分泌和旁分泌的方式介导巨噬细胞中胆固醇的流出。ApoE在低浓度时，其旁分泌作用并不明显，此时自分泌作用在胆固醇的流出中起了主导作用。因此，ApoE的自分泌作用对于预防体内泡沫细胞的形成十分重要。但是，在饱和浓度时，旁分泌的ApoE对于其介导的胆固醇的流出起了80%～90%的作用，而自分泌的ApoE只起到10%～20%的作用[14]。总之，自分泌和旁分泌的ApoE的相对重要性取决于局部ApoE的浓度。

第三节　ApoE的受体

低密度脂蛋白(low density lipoprotein,LDL)家族受体是ApoE结合的主要对象。ApoE脂质复合物只有通过与受体结合才能实现脂质运输功能和信号工传导功能[15]。ApoE3对于LDL受体、LDL受体相关蛋白1(LDL receptor-related protein 1,LRP1)、ApoE受体2(apolipoprotein E receptor 2,ApoER2)和极低密度脂蛋白受体(very low density lipoprotein receptor,VLDLR)都具有较高的亲合力[16]。LDL受体是一个通过配体激活,网格蛋白Clathrin包被介导内吞而实现血浆中脂质蛋白内在化功能的膜蛋白的原型。LDL受体是由839个氨基酸组成的蛋白,它包含了4个不同的结构域:① 氨基末端配基结合结构域,其中包含7个富含半胱氨酸的LDL-A重复序列,每个长度大概有40个氨基酸;② 表皮生长因子(epidermal growth factor,EGF)前体同源结构域,包含3个EGF样的富含半胱氨酸的重复序列和1个β螺旋结构域,通过pH依赖的构象改变介导配体从内吞小体中释放从而实现受体循环利用;③ O型糖链;④ 一次性跨膜区结构域(v)胞内结构域,包含NpxY结构参与受体聚集形成网格蛋白包裹的内吞小体(图1-2,彩图2)。

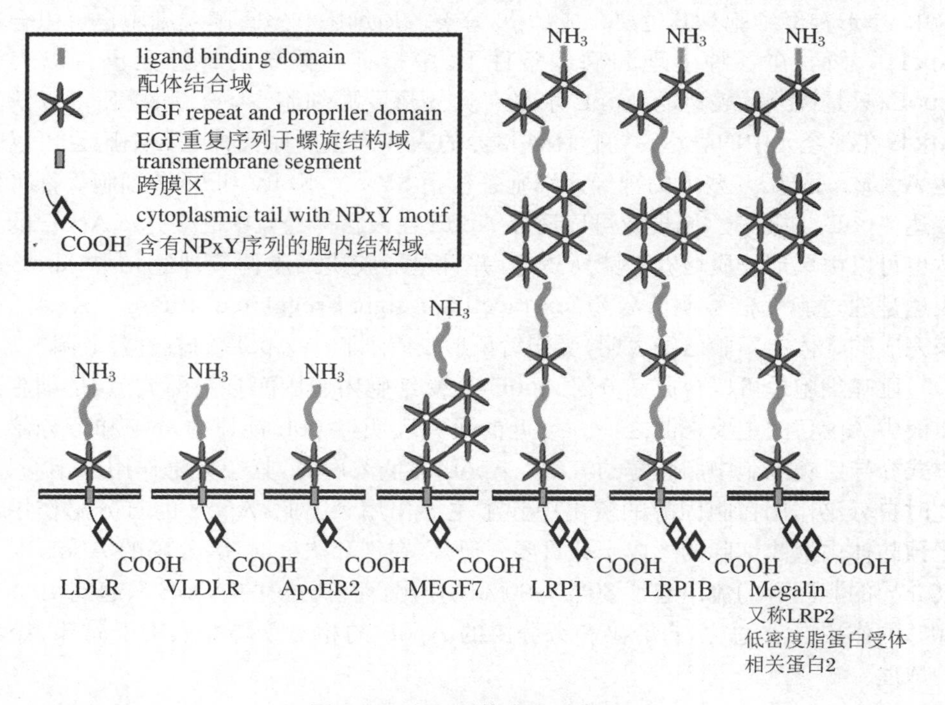

图1-2　ApoE受体家族示意图

关于体内LDL受体配基的研究显示，过表达LDL受体的转基因鼠，血浆ApoE和ApoB-100水平减少90%，然而ApoA-Ⅰ水平不变。LDL受体蛋白敲除鼠的证据表明，由于通过ApoE和ApoB的载脂蛋白介导的LDL清除机制受损，血浆中的LDL和胆固醇水平急剧增高。通过与LDL受体结合，ApoE和ApoB的载脂蛋白运载LDL在血浆中被清除，从而调节血浆中胆固醇的水平[17]。在生理pH条件下，包含有受体-配体复合物的囊泡实现内在化。在胞内，低pH减少了载脂蛋白的释放，促进了受体回收，同时促进溶酶体降解LDL[18]。就在Brown和Goldstein解释LDL受体内吞途径的同时，Mahley和他的同事鉴定出一个短的但高度保守的序列，这个序列的相似度在ApoB和ApoE之间。此后不久，Mahley证实了这个伸展的带电残基的重要性，他们发现使用环己二酮(一个精氨酸特异性修饰剂)处理过的ApoE不能与任何受体结合。通过这些研究，保守的LDL受体识别序列被鉴定出来。

突变和受体结合力的研究推动了对ApoE受体识别结构域的探索。ApoE(1-170)和ApoE(1-174)片段分别仅保留1%和19%的LDL受体结合力，而ApoE(1-183)拥有85%的受体结合力[19]。更重要的是，这是第一个在推测LDL受体识别序列(136-152)之外的详细研究的序列。之后的突变分析指出172位精氨酸对受体结合起主要作用。这项研究证实了170-183位残基的重要性，因为它的缺失导致受体结合力下降到全长ApoE3的15%。丙氨酸替换172位精氨酸的突变却引起98%的结合活性下降，而将172位精氨酸替换为赖氨酸只保留6%的结合活性，这表明精氨酸是维持受体结合构象所必需的。对ApoE 126-183肽段的多维核磁共振光谱学研究显示，在三氟乙醇存在或结合到dodecylphosphocholine微粒时，4号螺旋延伸超越165位残基，包围了172位精氨酸。这个假说进一步在用位点特异性电子顺磁共振光谱对ApoE的N末端进行研究中得到证实。

关于ApoE和LDL受体是否以多价方式结合的研究发现，每个DMPC颗粒平均包含4个ApoE分子，其中有活性和失活的ApoE比例是不定的。LDL受体的结合受活性粒子中活化的ApoE数目的影响。其他的研究表明，最佳的受体结合条件是每个球状脂质乳糜颗粒至少包含4个ApoE分子。因此，除了诱导ApoE结构的变化，与脂质结合形成多价配基部分地增强了ApoE对LDL受体的亲合力。

如前所述，ApoE主要通过与LDL受体(LDLR)家族在细胞表面相互作用来发挥它的功能[20]。LDLR家族包括大约10种受体，这些受体在受体介导的内吞和细胞信号通路中发挥重要功能。除了LDLR，LDL受体家族还包括低密度脂蛋白相关蛋白/低密度脂蛋白相关蛋白1(LDL-related protein/LDL-related protein 1，LRP/LRP1)、megalin/LRP2、极低密度脂蛋白受体(the very low density lipoprotein receptor，VLDLR)、ApoE受体2/低密度脂蛋白相关蛋白8(apolipoprotein E receptor 2/LDL-related protein8，ApoER2/LRP8)、SORLA-1/LR11、低密度脂蛋白相关蛋白4(LDL-related protein 4,LRP4)、低密度脂蛋白相关蛋白5(LDL-related protein 5,LRP5)、低密度脂蛋白相关蛋白6(LDL-related protein 6,LRP6)和低密度脂蛋白相关蛋白1B(LDL-related protein 1B,LRP1B)。LDLR家族最具特征性的结构单元是富含半胱氨酸的配体重复序列形成的配体结合域。大多数LDLR家族的受体有一个共同的特征,那就是它们能够和受体相关蛋白(receptor-associated protein,RAP)结合[21]。科学家们在中枢神经系统中已经发现许多ApoE的受体。研究表明,神经元表达LDLR、LRP、ApoER2和VLDLR;星形胶质细胞表达LDLR和LRP;而小胶质细胞则表达VLDLR和LRP。

许多研究表明,部分ApoE受体特别是LRP、ApoER2和VLDLR可以作为信号分子发挥作用。VLDLR和ApoER2的转导信号由细胞外的基质分子Reelin激活,在神经元的生长过程中影响细胞的迁移。LRP的激活需要和配体结合,从而影响NMDA受体的功能。ApoE受体的配体也可以通过ApoE受体激活其他细胞内信号通路,包括磷脂酰肌醇-3-羟激酶(phosphatidylinositol 3-hydroxy kinase,PI3K)的激活、胞外信号调节激酶(ERK)的激活和对Jun氨基末端激酶(Jun N-terminal kinase,JNK)的抑制。但是,具体哪一个受体激活哪一个信号并不清楚。胶质细胞上的ApoE受体也可以影响信号通路,从而影响胶质细胞的激活状态。

ApoE受体是ApoE代谢所必需的一部分,它可能在AD的病理过程中发挥着调节作用[22]。ApoE受体还对胆固醇的体内平衡起着重要的作用,它或许还会影响由APP到Aβ的转化。一系列的研究结果表明,ApoE受体通过某些机制直接参与AD的病理生理过程。

第四节 ApoE的生理功能

血浆中的ApoE浓度为40～70 μg/mL,主要的来源是肝脏合成。而生物体内第二重要的合成ApoE的场所就是大脑。但是外周和中枢系统之间血脑屏障的存在使得ApoE并不能在两者之间流通,虽然星型胶质细胞是脑脊液中ApoE(3～5 μg/mL)主要的分泌来源,但是近年来的研究发现,神经元在应激状态下也可以分泌ApoE蛋白。在大脑中,ApoE结合的脂蛋白也与外周不同,没有出现外周ApoE携带的柱状或者盘状的脂蛋白颗粒。

一、参与脂蛋白代谢

ApoE蛋白的一种生理功能就是将脂类从一个组织运送到其他的细胞。ApoE

在肝脏分泌后和乳糜颗粒结合形成了 VLDL，然后由小肠分泌。这些脂蛋白通过 ApoE 富集，经过毛细血管循环，在内皮细胞的表面由脂蛋白脂肪酶水化成为甘油三酯，然后转化为能量被细胞利用。在这个机制下，ApoE 直接参与了脂类的代谢，将各种脂类运输到肝外提供能量或将无法利用的运回肝脏内，使得胆固醇等可以在肝脏被胆汁所消化[23]。

ApoE 基因实现其脂质转运和传递的功能主要是通过以下两种受体途径实现的。其一是 LDL 受体途径。作为一个配体，与 ApoB 相比，ApoE 的结合能力更强。它不仅能调控自身结合的脂蛋白，更可以调节 LDL 受体上结合的脂蛋白[24]。其二是 LRP 受体途径。LRP 是 LDL 受体家族的一员。能够和包括 ApoE 在内的许多配体结合。它的主要功能是参与残留脂蛋白的代谢[25]。ApoE 也可以通过非配体受体途径来影响脂蛋白的代谢。虽然所有的 ApoE 蛋白都能抑制这种甘油三酯的水解，但是这种抑制作用实际上是受 *ApoE* 基因型调控的，*ApoE* 在脂蛋白表面富集具有基因型差异性，*ApoE*4 型更容易富集，并且 ApoE 还可以直接调节血浆中的甘油三酯和 VLDL 浓度。许多研究发现，由于 ApoE 合成和分泌的增加，引起了 VLDL 水平的上升。

作为 HDL 的一个组成部分，ApoE 同时还影响胆固醇从细胞的流入和流出。HDL 颗粒和细胞胆固醇结合有一种高的亲和力，但是这种作用是依赖于 ApoE 蛋白的。在这个过程中，ApoE 扮演了一个配体的角色。这种 ApoE 参与介导的 HDL 影响胆固醇代谢的作用，与人相比，ApoE 在低等动物中发挥了更为重要的作用。在人体中，HDL 胆固醇主要被转运到了甘油三酯脂蛋白上，通过 LDL 受体途径被转运到了肝脏。近年来，研究发现 ApoE 可以通过和 HDL 作用，直接参与胆固醇代谢[26]。ApoE 长期以来被认为在脂类的运输和心血管疾病中发挥了重要作用。它可以和脂蛋白集合，并和低密度脂蛋白受体作用，启动下游的信号通路。而基于 *ApoE* 基因型的不同，体内的各类脂蛋白也存在着表达差异。ApoE4 和 ApoE2 调节脂蛋白水平上起着相反的作用，HDL、LDL 在 *ApoE*4 型中都呈现出了一种低表达。

ApoE 在维持细胞内胆固醇平衡方面的重要性并不只限于外周循环的 ApoE 水平。事实上，它在神经可塑性、神经突的生长、突触发生等神经生物学现象中的作用也是一个快速发展的领域。血浆中的大量 ApoE 来源于肝脏和巨噬细胞，而中枢神经系统中的 ApoE 主要是脑局部合成的。由于血脑屏障的存在，肝脏和脑中的 ApoE 之间不能交换；与此结论相一致，肝脏移植受体肝脏来源的 ApoE 会在脑脊液中丧失活性[27]。在中枢神经系统中，ApoJ、ApoD、ApoA-Ⅰ、ApoA-Ⅳ等载脂蛋白都存在，而 ApoE 是最主要的类型。在成人的脑组织中，尽管小胶质细胞和神经元在特定的生理和病理条件下也可以合成 ApoE，但是 ApoE 主要还是在星形胶质细胞中合成。在基础条件下，胶质细胞比神经元多产生 2～3 倍的胆固醇，这也说明了 ApoE 表达的上升。研究者已经证明脑中的 ApoE 与脂蛋白相关，而星形胶质细胞分泌的含有 ApoE 的脂蛋白颗粒与外周分泌的含有 ApoE 的脂蛋白不同,外周脂蛋白形状似盘形,主要由磷脂和未酯化的胆固醇构成[28]。据推测,一些星形胶质细胞分泌的含有 ApoE 的脂蛋白在进入脑脊液的途中获得了胆固醇酯核心,因此脑脊液中没有出现像外周那样的盘状或者柱状的脂蛋白颗粒。

越来越多的证据表明 ApoE 在衰老进程中起重要的作用。在此背景下,*ApoE* 基因敲除鼠是研究 ApoE 在自然衰老中的作用较好的模型。在一些研究中,*ApoE* 基因缺失鼠的突触退化没有任何征兆:正常脑组织结构、没有标志性的神经退行性病变、正常的胆碱能神经元的活动和神经元的功能。然而,其他的研究发现 *ApoE* 基因缺失鼠在发育中有轻微到严重的空间学习和记忆的缺陷。记忆缺陷伴随着胆碱能神经元缺陷显示了 ApoE 在认知和记忆中的重要性[29]。研究表明 *ApoE* 基因缺陷鼠比野生型鼠更易于发生神经退行性变,暗示这种蛋白在年龄相关的神经病理学中有作用。

ApoE 在脑中大量存在表明它在脑中胆固醇的转运和清除中发挥重要作用。脑中的大量的胆固醇对于突触发育、树突形成、长时程增强和轴突引导是必须的。ApoE 运载进入神经元的胆固醇通过促进突触囊泡及其释放所需的蛋白的生物合成而加强了突触形成。胆固醇缺失和转运的不利都会引起突触和树突棘变性,最终导致神经传递的障碍和突触可塑性的降低。神经细胞的损伤、细胞死亡、外伤性脑损伤或终末分化之后,由于胞膜和髓鞘变性导致了大量的胆固醇丢失。面对这些不利因素,星形胶质细胞和巨噬细胞上调 ApoE 表达量来参与胆固醇和脂质碎片的清除和重分配。这表明 ApoE 在神经再生中是亲脂分子的清除剂。在外周神经系统再生过程中,低密度脂蛋白受体的上调表明在神经生长和再生中脂蛋白摄取功能的增强。而且在体外研究中,星形胶质细胞分泌的含有胆固醇的 ApoE 脂蛋白对于突触形成是必需的,其机制是依赖于功能性的 ApoE 受体。

二、ApoE 具有多态性

ApoE(ApoE)氨基酸序列的异质性的研究数据来自通过离子交换层析和双向电泳对低密度脂蛋白颗粒(VLDL)的分析。在人类中,*ApoE* 三个等位基因 ε2、ε3 和 ε4 的成功鉴定证实了不同的 ApoE 异构体之间的氨基酸序列差异与高血脂密切相关的猜想。ApoE 的三种亚型,即 ApoE2、ApoE3、ApoE4,仅仅在第 112 和/或 158 位点有所不同。ApoE3 的 112 位是半胱氨酸,158 位有个精氨酸,而 ApoE2 在这两个位点均为半胱氨酸,ApoE4 均为精氨酸。*ApoE*3 通常被认为是人类的野生型基因,因为它在人群中具有很高的基因频率,并且不和人类其他疾病表型相关。然而,基因进化分析结果显示 *ApoE*4 则是古老的亚型。几乎在所有拥有 *ApoE* 基因的动物包括灵长类动物中,ApoE 只存在一种形式,并且与人类的 *ApoE*4 极其相似,而且 112 和 158 位的精氨酸都是极其保守的[30]。

早在 1993 年，Stritmatter 发现 *ApoE*4 等位基因在迟发性阿尔茨海默病（FAD）和散发性阿尔茨海默病（AD）患者中分布较广，此后经许多研究结果得到证实。研究表明，*ApoE*-ε2 等位基因可以降低 AD 发病的概率，推迟 AD 发病的时间，而 *ApoE*-ε4 等位基因则增加 AD 发病的概率，使 AD 发病的时间提前。在以基因背景导致 AD 发病的因素中，*ApoE*-ε4 等位基因可以达到 40%～50%。研究还发现，*ApoE*-ε4 等位基因还可以增加受感染个体脑中的 Aβ 水平。在 *ApoE* 转基因鼠模型中也可以看到 ApoE 对 Aβ 沉积和神经炎斑块形成的影响。用敲除 *ApoE* 基因的转基因小鼠的研究表明，ApoE 决定着 AD 发作的年龄风险，*ApoE*4 的作用则可以明显地使疾病发作年龄提前，其主要作用是通过促进淀粉样多肽的沉积，使其转化成纤维状聚合体。

研究发现，ApoE2 与Ⅲ型高脂蛋白血症和早发动脉硬化相关。ApoE2 与低密度脂蛋白受体的结合活性尚不到 ApoE3 的 1%则被认为 ApoE2 是成为这些疾病的风险因子的关键所在。关于 ApoE2 对 LDL 受体结合活性降低的机制的研究主要聚焦于 158 位的半胱氨酸。通过半胱氨酸的处理可以使 ApoE2 的 N 末端 112 和 158 位点的半胱氨酸带上正电荷而变成赖氨酸的类似物，在这个过程中，ApoE2 与 LDL 受体的结合活性可以恢复到正常水平[31]。X 射线结晶衍射解释了 ApoE2 型和 ApoE3 型在 LDL 受体结合活性不同的可能机制。结构显示，ApoE2 亚型缺乏 158 位精氨酸和 154 位天冬氨酸形成的盐桥。此外，ApoE2 亚型的 15 位精氨酸和 154 位天冬氨酸形成了盐桥，从而在很大程度上阻止了 150 位精氨酸和 LDL 受体的相互作用。调节不同生理条件下 Arg150-Asp154 盐桥会干扰 LDL 体的结合活性，因此这可能也解释了在 *ApoE*2 纯合子患者中，环境因素对Ⅲ型高脂蛋白血症发病的作用。

在 *ApoE*4 纯合子携带者的血浆中的 ApoE 含量要比 *E*3 纯合子低，而血浆胆固醇和 LDL 水平却有所升高，这就有可能增加了心血管疾病的发病风险。另外，引人注目的是，ApoE4 的遗传背景与血管和脑内淀粉样沉淀、Tau 蛋白病变、伴随 Lewy 小体病变的痴呆、帕金森病（PD）、多发性动脉粥样硬化，尤其是老年性痴呆（AD）的发生和进程密切相关。然而，还没有明确的分子机制证据表明 ApoE4 如何参与这些疾病发生。其中，ApoE4 独特的结构域特征可能是增加这些疾病风险的结构基础。已有研究表明，ApoE4 的 112 位精氨酸引起氨基酸链在蛋白分子内重定向，加强了 N-和 C-末端的盐桥作用力。结构域的相互作用使得 ApoE4 形成更紧凑的结构，同时，112 位精氨酸增强了球样的空间结构特性。因此，对含有 ApoE4 的复合物的清理能力的加强可能是导致血浆中 ApoE4 含量降低的原因。另外，研究表明 ApoE4 更容易与脂质、胆固醇结合形成较大的脂蛋白颗粒，如极低密度脂蛋白（VLDL）和乳糜微粒残余[32]。ApoE4 的这种偏好性被认为是导致血浆中低密度脂蛋白增高的主要因素。将人的 ApoE4“结构域相互作用”引入小鼠的 ApoE 中（用苏氨酸替换 61 位的精氨酸）的研究显示，小鼠体内发生了与人类

ApoE4 表现类似的表型，包括 ApoE 含量的降低和与 VLDL 结合偏好的丧失。

三、ApoE 参与微管蛋白的代谢

研究发现，ApoE 与微管蛋白的代谢有关，神经元纤维缠结中含有 ApoE，并定位于细胞质中，ApoE 与 Tau 蛋白的结合表现出亚型特异性。与 ApoE4 相比，ApoE3 与 Tau 蛋白的亲和力较高。在神经元的生长中，ApoE 也具有亚型特异性。ApoE3 能抑制 Tau 蛋白的去磷酸化，因此可以维持 Tau 蛋白的稳定性，与细胞微管相结合，稳定细胞骨架，促进神经元细胞的生长，而 ApoE4 则与微管蛋白的解聚有关，因而可抑制神经元细胞的生长[33]。有研究报道，脑中的 ApoE 在脂质代谢、淀粉样蛋白沉积与清除、稳定微管蛋白结构、免疫调节和细胞内信号传导等细胞过程中发挥重要的作用，是一个多功能的分子。

四、ApoE 调控氧化应激和炎症

利用细胞和转基因小鼠模型进行的研究显示，ApoE4 与氧化应激和慢性炎症密切相关，ApoE4 显示出更严重的促炎状态，包括核转录因子 NF-κB 激活、促炎因子肿瘤坏死因子-α（tumor necrosis factor-α，TNF-α）、IL-1β 和巨噬细胞炎症蛋白 1α（macrophage inflammatory protein 1α，MIP1α）水平的升高和抗炎因子 IL-10 的降低。AD 患者死亡后尸检结果显示，ApoE4 与脑内增加的脂质过氧化和升高的血羟自由基水平密切相关。

研究发现，*ApoE* 基因缺陷小鼠的巨噬细胞表现出更有效地上调多种促炎症细胞因子（如：TNF-α、IL-1β、IL-6 等），这加重了疾病过程中的炎症损伤作用，而 ApoE 拟肽可以减少巨噬细胞释放这些细胞因子，从而改善病情[34]。并且 ApoE 缺失小鼠的巨噬细胞的主要组织相容性复合体（MHC）Ⅱ类分子和共刺激分子（CD40、CD80）的表达上调，从而增加了巨噬细胞抗原提呈并活化 T 细胞的过程，促进了疾病的进展。此外，ApoE 以异构体特异性方式（E2＞E3＞E4）抑制巨噬细胞产生促炎细胞因子如 TNF-α、IL-1β。相反，炎性刺激如脂多糖（LPS）、干扰素 γ（IFN-γ）、TNF-α 和 IL-1β 等对巨噬细胞活化的同时伴随着 ApoE 产生的下调。这反映了 ApoE 抑制巨噬细胞中的炎症信号传导是一个反馈调节过程。

巨噬细胞激活还可以释放一氧化氮（NO），在炎症刺激后，*ApoE4* 转基因小鼠的巨噬细胞产生比 *ApoE3* 转基因小鼠更高水平的 NO，并伴随着精氨酸摄取的增加，这取决于 p38 丝裂原活化蛋白激酶（MAPK）。这些发现说明了 *ApoE* 多态性表现出了对巨噬细胞不同的调节作用。

第二章　*ApoE* 基因多态性与女性生育功能低下相关疾病

第一节　女性生育功能低下相关疾病的发病假说

生殖健康是当代世界的重大课题，受到国内外的广泛关注。据世界卫生组织(World Health Organization，WHO)统计，全球不孕不育率逐年上升，已经达到10%～15%。我国人口基数大，问题尤为突出。我国育龄妇女的不孕不育率高达10%～15%，人工流产数占全球年人工流产数的近50%，多种妊娠并发症和复发性、不明原因性流产严重危害30%～40%育龄女性及其后代的健康。不孕不育已经成为仅次于肿瘤和心血管疾病的第三大疾病，给家庭和社会带来了巨大的负担。不孕不育的发生是一个多因素、多阶段的过程，是个体遗传因素(内因)和环境危险因素(外因)共同作用的结果[35]。

随着社会的迅速发展和生育年龄推迟，各种疾病导致的生育功能低下和生育质量下降目前已成为生殖领域的突出问题，但是大部分不孕不育相关疾病病因不明。“提高生殖健康水平，改善出生人口素质”是我国人口与健康战略的核心内容，阐明不孕不育相关疾病的分子机制并依此提出切实可行的防治对策是生殖健康与遗传领域亟待研究的课题，也是我国经济与社会发展的重大需求。为此，“生殖健康及重大出生缺陷防控研究”被纳入2016年国家优先启动的重点专项之一并正式进入实施阶段。

女性生育功能低下相关疾病主要包括早发性卵巢功能不全(primary ovarian insufficiency，POI)、子宫内膜异位症(endometriosis，EMT)和多囊卵巢综合征(polycystic ovarian syndrome，PCOS)等。以上三种疾病本身对卵巢和子宫的损害以及因疾病行外科手术所导致的生育力功能低下或丧失已经成为影响育龄妇女生殖健康和生活质量的重大威胁。因此开展相关病因和发病机制的研究以及探索临床治疗策略非常必要和迫切，不仅具有十分重大的社会意义，也具有十分重要的科学意义。

一、早发性卵巢功能不全(POI)的发病假说

早发性卵巢功能不全是指女性在40岁之前,由于各种原因导致的卵巢功能过早丧失,主要表现为月经异常(闭经、月经稀发或频发),伴有促性腺激素升高和雌激素水平降低。近年来,POI在女性不孕患者中所占比例呈逐年上升的趋势[36]。POI不仅是引起育龄妇女不孕的重要原因之一,而且因其卵巢功能的衰退或耗竭导致内分泌功能障碍,严重影响女性的生活质量和夫妻关系和谐。迄今为止,除了医源性因素和极少部分免疫因素导致的卵巢功能减退或衰竭外,POI的病因和发病机制至今未能明确,其临床治疗措施主要是通过激素替代疗法维持月经,并可以缓解雌性激素缺乏引起的相关症状,但由于卵巢功能衰竭的不可逆性,尚无有效方法改善或恢复患者的卵巢功能。因此,明确病因并阐明POI的发病机制对于风险人群的筛查、预警、早期诊断和干预具有重要意义。

事实上,POI与不孕症之间的关系是复杂的,POI发病过程中,患者的正常生理功能受到影响。POI可以引起女性体内的激素紊乱,卵子发生障碍,原始卵泡数量下降,不能正常排出卵子或卵子质量异常,导致受孕失败[37]。POI基本特征是窦卵泡数减少,体内抗苗勒管激素(anti-Müllerian hormone,AMH)的测量可以间接反映卵巢中存在的窦前卵泡和窦卵泡的数量,对卵巢储备功能有一个基本的判断。AMH的浓度与卵巢中卵泡数量成正比,因此AMH也是卵巢功能下降的重要指标。

目前,POI的病因和发病机制尚不十分明确。在探讨POI的病因及发病机制过程中,出现过很多发病假说。遗传因素、环境因素、传染性因素(如腮腺炎感染后)、自身免疫性疾病、代谢性疾病以及癌症或手术操作都可能导致卵巢功能的降低甚至是功能丧失,最终造成不孕的结局。研究表明,遗传因素在POI的发生中扮演重要作用,能解释20%~25%患者的发病原因,其中染色体异常是POI的主要病因之一,约占POI患者的15%;致病基因突变占病因的10%左右。染色体异常更容易发生于散发病例中,多于家族性病例。在这些染色体异常时,X染色体异常比例可高达94%。除了X染色体异常之外,约2%的POI患者的发病与常染色体重排相关[38]。另外,免疫功能紊乱或医源性因素也能导致POI的发生,如化疗药物或免疫抑制药物等医源性因素可导致卵巢功能不可逆的损伤,影响卵泡的生长和成熟过程,引起卵泡闭锁。但目前绝大多数POI患者的病因尚不明确,有待于从多角度开展深入研究。

二、早发性卵巢功能不全(POI)与颗粒细胞氧化应激和自噬密切相关

自噬是指细胞将一些受到损伤的细胞器、细胞内折叠或聚集错误的蛋白等细

胞质成分进行包裹运送至溶酶体并进行降解的过程。自噬与细胞的生存、死亡以及永生化息息相关，自噬可以清除细胞代谢过程中产生的废物而有利于细胞生存。自噬是细胞应对各种病理变化及损伤的一种适应性保护机制，而且也对细胞的分化、发育和维持细胞的稳态起重要的作用[39]。

自噬是依赖自身溶酶体来程序性地消化自身且形成特征性自噬小体，又被称为“Ⅱ型程序性死亡”。自噬对细胞的影响并不一定是导致细胞走向死亡，然而细胞自噬水平过高可以溶解自身重要的结构而导致细胞死亡。Beclin1 蛋白和微管相关蛋白 1 轻链 3(light chain，LC3)是研究较为深入的两种自噬相关蛋白。

研究发现，氧化应激可以诱导自噬的产生，而氧化应激诱导的炎性损伤可能是 POI 发病过程中至关重要的原因。在卵巢组织的一些激活自噬的通路中，当自噬活动激活过于频繁时，会引起卵巢组织的加速衰老，进一步可能导致卵巢组织细胞的程序性死亡，进而引起 POI。在某种情况下，自噬过度可能会出现一些病理状态，如颗粒细胞死亡。越来越多的研究发现，卵巢颗粒细胞过度自噬导致的卵泡闭锁和停止发育，可能是 POI 的发病机制之一。

卵泡过早过快的闭锁是 POI 发生的主要病理机制。虽然卵泡闭锁随着卵巢周期的发生而周期性地出现，但是大量卵泡的非正常闭锁、死亡的机制尚不明确。颗粒细胞自噬发生在卵泡的各个发育阶段，可能参与卵巢疾病的发生和发展。颗粒细胞的自噬能够调节原始卵泡的储备和卵泡的大量闭锁，参与了 POI 的发病过程[40]。有文献报道，参与自噬的信号通路，如 PI3K-AKT-mTOR 信号通路、TGF-β/Smad3 信号通路等，任何一处发生异常都有可能导致卵泡发育异常，从而导致 POI 出现，但其具体机制尚未明确。因此，进一步研究自噬在 POI 发病过程中的机制，可以为临床治疗 POI 提供更好的理论依据和治疗策略。

三、子宫内膜异位症(EMT)的发病假说

子宫内膜异位症(EMT)是妇科常见疾病之一，通常是指有活性的子宫内膜细胞种植在子宫内膜以外位置的相关疾病，使患者出现痛经、慢性盆腔痛、月经异常及不孕等临床症状。EMT 严重的患者还会对其生殖系统造成一定的影响，对女性的身心健康和生活质量造成严重的影响。研究结果表明，EMT 的发病率为 10%～15%，多见于育龄期女性，且近几年来 EMT 发病率呈不断上升的趋势。研究发现，EMT 可从卵泡发育、排卵、受精、运输等各个环节对妊娠过程进行影响，最终导致不孕。

EMT 是好发于育龄期妇女生殖系统的具有侵袭性及激素依赖性的良性疾病，其发病机制至今不明。多数认为与子宫内膜种植、体腔上皮化生、机体免疫功能异常、雌激素水平升高、血管形成、遗传等因素密切相关。EMT 子宫内膜种植学说普遍为研究者们所接受，经血逆流学说被临床认为是最为经典的理论。虽然该学说

得到大量研究者的支持，但临床观察发现，90%的女性月经来潮时多存在经血逆流表现，而其中临床上只有约 10%女性并发 EMT，故难以对经血逆流导致的子宫内膜种植学说做出科学解释，临床上仍需进一步完善与改进子宫内膜种植学说[41]。

研究发现，EMT 患者多伴有免疫功能异常，故部分学者认为免疫系统功能异常也可能是 EMT 发病的机制之一。另外，患有 EMT 的女性几乎所有类型的免疫细胞功能均有异常，中性粒细胞、巨噬细胞、T 细胞和 NK 细胞等均能参与 EMT 的发生与发展[42]。研究结果表明，EMT 患者常有性激素水平升高的现象，故有学者认为 EMT 的发生和发展与雌激素水平升高有关。研究已经证实，EMT 的发展与雌激素水平具有相关性，而降低雌激素水平也已成为 EMT 临床治疗的重点。

研究表明，子宫内膜异位症是由基因与环境相互影响、相互作用而诱发的多因素疾病，具有遗传倾向。刘雅静教授团队通过对 217 名中国女性（111 例对照组和 106 例 EMT 患者）进行研究，发现对照组与 EMT 患者之间的 ApoE4 携带者（ε3/ε4，ε4/ε4）有显著性差异，*ApoE*-ε4 等位基因与 EMT 遗传易感性具有一定的相关性。

尽管已提出多种 EMT 的发病假说，但目前为止，其具体的发病机制仍未阐明，且 EMT 病因复杂，侵袭性及复发率均较高，临床上仍需对 EMT 的病因学及发病机制进行深入研究，为临床诊疗提供科学的指导和支撑。

四、多囊卵巢综合征(PCOS)的发病假说

多囊卵巢综合征（PCOS）是一种发病率高，临床和生化特点具有高度异质性的复杂疾病，对育龄妇女产生多方面危害，其发病原因尚不清楚，故病因学研究十分必要和重要。PCOS 典型的内分泌特征为高雄激素血症，促黄体生成素（LH）水平增高，LH/FSH（促卵泡素）比值增高，雌酮增高。此外，PCOS 还伴有代谢异常，如高胰岛素血症、末梢胰岛素抵抗以及异常脂质血症。PCOS 患者从卵泡开始发育起就面临着无法形成优势卵泡，卵泡大量堆积后导致内分泌系统紊乱，最终导致月经不调、不孕等临床症状发生[43]。

PCOS 的发病原因较为复杂，目前没有明确的发病机制，可能和遗传、环境、心理压力等因素有关。研究表明，PCOS 患者的家族发病率较高，但不遵循孟德尔遗传规律，PCOS 的遗传规律较为复杂。近年来分子遗传学相关研究表明，PCOS 发生机制与影响激素代谢和物质能量调节的基因如胆固醇侧链裂解酶（CYP11α）基因、胰岛素受体（INSR）基因、促黄体生成素（LH）基因等密切相关，可通过某些致病基因与环境因素共同作用而发病。研究发现，PCOS 患者的家族中常出现心血管疾病、高血压或糖尿病，因此，PCOS 可能与心血管疾病、高血压、糖尿病等多个遗传病有关[44]。在 PCOS 患者的家族遗传中，其直系亲属中女性均有较为明显的月经不调症状以及生育能力下降等情况出现，还伴随葡萄糖耐量异常、胰岛素敏感

性下降以及代谢综合征等特征。

研究发现,环境污染物、生活方式、抗癫痫药物等也可能导致 PCOS 的发生。有研究报道,能与雌激素受体结合的环境污染物比如双酚 A 等是引发 PCOS 的高危因素。它们结合产生的雌激素或抗雌激素将导致内分泌系统紊乱,引起 PCOS 的发生。PCOS 患者中有卵巢功能障碍的以肥胖者居多,并且在游离雄激素指数、胰岛素抵抗、空腹血糖及胰岛素水平上均高于非肥胖者。但肥胖并不是 PCOS 的发病原因,只是 PCOS 的易感因素。另外,除了肥胖,还有吸烟、酗酒、暴饮暴食、作息节律紊乱等不良生活习惯都是 PCOS 的易感因素。

有研究表明,与非 PCOS 引起不孕的患者相比,因 PCOS 而不孕的患者伴随的抑郁或焦虑情绪更加明显。抑郁或者焦虑等负面情绪会影响下丘脑分泌促性腺激素,使不孕的情况加剧。

第二节　*ApoE* 基因多态性与早发性卵巢功能不全(POI)

早发性卵巢功能不全(POI)是女性在 40 岁之前出现卵巢功能减退的一组综合征。表现为 40 岁以下的绝经,血清 FSH 升高,卵巢功能显著降低,是卵巢功能衰竭的早期阶段[45],最初关于这个概念的提出是为了让人们更充分认识该疾病的发展状态,弥补卵巢早衰(premature ovarian failure,POF)定义的局限性,方便早期的干预和治疗。

POI 基本特征是窦卵泡数减少。与卵泡发生障碍相关的重要因素就是激素的调节,人类卵巢是富含 ApoE 的器官,ApoE 合成占该组织总蛋白质合成的 0.15%。同时 ApoE 作为雌激素合成重要的一环,参与卵巢激素分泌和卵泡发生。雄激素和雌激素的产生在卵泡发育和成熟过程中至关重要,但过多的雄激素也会导致细胞凋亡。因此,ApoE 在控制雄激素和雌激素合成方面的旁分泌作用对平衡类固醇生成至关重要。由于卵泡中有多种细胞类型,脂蛋白和胆固醇调节是复杂的。ApoE 参与卵泡内胆固醇的转运,以调节类固醇的生成,并可能在雄激素合成期间将脂蛋白衍生的胆固醇输送到卵泡细胞,从而调节女性的生殖功能。卵巢组织中的载脂蛋白可以作用于卵泡膜细胞下调雄激素,以促进孕酮合成。高密度脂蛋白是卵泡液中的主要脂蛋白。卵泡膜细胞依赖胆固醇结合的脂蛋白(HDL、LDL 和 VLDL)产生雄激素,颗粒细胞依赖它们在促黄体生成素(LH)刺激下产生雌激素。HCG 可能通过增加脂蛋白 LDL 受体的数量和 ApoE 的产生来刺激雄激素的产生,ApoE 还通过直接刺激卵泡膜细胞产生雄激素,间接影响卵泡成熟所必需的雌激素的产生,对卵泡发育至关重要[46]。ApoE 肽对大鼠卵泡膜和颗粒细胞体外培养具有抑制作用，当 ApoE 肽以 0.5 μmol/L、1.0 μmol/L 和 2.0 μmol/L 的浓度添加到培养基中时，可以看到卵泡膜和颗粒细胞中的凋亡，包括凋亡细胞体和染色质凝聚的特征。同时还出现雄烯二酮产生的减少，这表明细胞凋亡的增加损害了类固醇生成。

其实，卵巢功能的减退往往也和年龄相关。通过研究载脂蛋白作为卵泡液的分子成分参与人类卵母细胞成熟和年龄相关不孕症的过程发现，ApoE 与老年女性成熟卵母细胞的数量减少相关[47]。有 15 种低密度脂蛋白（LDL）和高密度脂蛋白（HDL），它们随患者年龄而变化。卵泡 ApoE 含量和胆固醇颗粒分布的年龄变化可能与成熟卵母细胞产量减少和随年龄下降的生育能力降低有关。

ApoE 可在参与类固醇生成的组织中合成，卵巢颗粒细胞中可分泌 ApoE，其产生也受激素的反向调节。通过对人类卵泡液的检测发现，人类卵泡液（FF）中也有 ApoE 的存在，尽管其含量少于血清中含量，但也表明 ApoE 在卵巢细胞中的合成和分泌是存在的，同时对卵泡的成熟存在调控。有研究发现卵泡液中 ApoE 浓度与生育率均随年龄下降。通过进一步研究发现，在体外培养的卵巢间质细胞中，外源性 ApoE 会抑制促黄体生成素（LH），使雄激素合成障碍，这与先前的研究吻合，高浓度的 ApoE 可能会影响正常雄激素的合成。同时，女性 LH 高峰是排卵的一个关键诱发因素，而 ApoE 对 LH 的抑制能力也同样证明了其在卵巢排卵过程中的作用。在体外富含 FSH 的培养基下培养的大鼠颗粒细胞产生的 ApoE 产量可增加一倍。不仅是外源性的调节，ApoE 的 mRNA 还被检测于各个阶段的卵泡膜细胞和卵巢间质细胞中，同时卵巢间质细胞和鞘细胞、初级卵泡、次级卵泡中均存在高 ApoE 免疫标记，而 C57BL6J 小鼠卵巢颗粒细胞中的 ApoE 免疫标记明显高于对照组。这表明除了卵巢颗粒细胞和间质细胞外，ApoE 可能在卵泡膜细胞中也有合成分泌，并可以在局部作为自分泌因子调节雄激素等类固醇的合成。同时，在动物闭锁卵泡和退化黄体中也检测到 ApoE 的表达，随着卵泡的闭锁和黄体退化，女性退化结构中释放的脂质可以重新被利用。除此之外，通过研究 *ApoE* 基因敲除小鼠发现，由于脂质代谢障碍，小鼠出现严重的高胆固醇血症，胆固醇代谢紊乱，并且在卵巢中堆积大量脂质，导致卵巢增大，同时伴有体内雌激素和孕酮的紊乱，激素水平在后期显著降低。*ApoE* 基因敲除小鼠出生时卵泡明显增多，但随着卵泡数量的增加，卵泡数量与野生型卵泡相比明显减少。*ApoE* 基因缺失还导致了 3 个月后卵巢中闭锁卵泡和凋亡卵泡的比例增加，说明 ApoE 确实引起卵泡数量的紊乱[48]。上述研究均表明 ApoE 对于卵巢功能的重要作用，ApoE 参与了卵巢多种生物合成过程，维持了卵巢内部脂类代谢和激素水平的稳定，其缺失对于卵巢功能和卵泡发生有着不利的影响，与 POI 的病理过程极为相关。但是，*ApoE* 基因多态性与 POI 的关系及其分子机制未见报道。

人类卵巢是分泌甾体激素的器官，维持了女性的第二性征。卵泡由卵母细胞加上周围包裹的颗粒细胞和卵泡膜细胞构成，具有合成并释放类固醇激素、促进卵母细胞的成熟与受精的功能。卵巢中含有丰富的 ApoE，它协助胆固醇转运至卵泡，促进类固醇的生成，是激素合成过程中的重要一环。ApoE 可将脂蛋白衍生的胆固醇输送至卵泡细胞，循环中的胆固醇水平越高，类固醇激素的水平就越高，例如孕酮[49]。卵泡中的脂蛋白多为分子量较小的高密度脂蛋白，在雄激素合成的过程中，有研究发现，ApoE 对体外培养的大鼠卵泡膜细胞和颗粒细胞具有抑制作用。与此同时，在闭锁卵泡和退化黄体中可观察到 *ApoE* 的 mRNA 水平较高，这可能为了促进脂质的再利用。而小鼠卵巢的间质细胞、卵泡膜细胞、初级卵泡、次级卵泡及黄体中均发现了 ApoE 高表达。在女性生殖系统中，ApoE 是卵巢中雌激素和孕酮所需要的胆固醇前体的主要供应者，含有一个 *ApoE-ε*4 等位基因的基因型的女性平均孕酮水平显著高于没有 *ApoE-ε*4 基因型的女性。由此看来，ApoE 在调节女性生殖功能中可能发挥着一定的作用。事实上，*ApoE* 的三种等位基因调控女性生殖功能的作用并不统一。长久以来，*ApoE*3 被认为是最有利于女性生育的基因，而 *ApoE*2 和 *ApoE*4 都具有基因的拮抗多效性，其具体调节机制仍未阐明。

已有研究表明，*ApoE* 亚型会影响线粒体的结构和功能，可能导致细胞氧化应激损伤[50]。*ApoE*4 可调控线粒体的生物发生、动力学及其抗氧化蛋白，对于卵巢细胞来说这可能是引起卵巢功能下降的重要途径。线粒体的形状通过分裂、融合和运动的结合而不断变化。线粒体动力学涉及线粒体外膜和内膜的断裂和融合[51]。据报道，线粒体断裂和融合紊乱是几种神经退行性疾病的重要病理过程。因此，线粒体作为人体能量代谢的工厂，参与体内许多重要的生物过程，维持了机体生命活动的稳态。*ApoE*4 会激活细胞的过度自噬导致氧化应激过多，线粒体动力学相关蛋白表达下降，线粒体功能损伤和细胞周期紊乱，卵巢储备功能低下[52]，这或许是 POI 发病机制中的一部分。

第三节　*ApoE* 基因多态性与子宫内膜异位症(EMT)

子宫内膜异位症（EMT）是育龄妇女的一种常见疾病，其特征是慢性炎症过程。EMT 影响了世界上超过 10%的育龄妇女，其中 30%～50%的妇女经历过慢性疼痛和不孕症。EMT 的具体病因尚未明确，其发病率可能与月经血液逆流、性激素紊乱、免疫因素和遗传因素有关，需要从多个角度进行进一步的研究[53]。

卵巢是合成和利用激素的重要器官，ApoE 在卵巢的多种细胞中表达，如颗粒细胞、卵泡膜细胞等，卵泡中也可以检测到在血清中不同水平的 ApoE，这可能是由于颗粒细胞对于 ApoE 的调节所导致的。根据女性不同时期子宫内膜活检的结果来看，在女性黄体期时，ApoE 水平升高，表明 ApoE 作用的另一个部位是子宫内膜，子宫内膜产生ApoE并在植入窗口期间显著上调其mRNA。根据大鼠模型可观察到，在其动情周期的所有阶段里，大鼠卵泡的卵泡膜细胞和间质细胞中都可监测到高水平的ApoE表达，而在较高浓度的ApoE环境中会抑制雄激素的产生，较低浓度的ApoE环境会刺激雄激素的产生，所以女性体内的雌激素水平也受到ApoE的调节。绝经后女性体内脂蛋白显著高于绝经前妇女，对于绝经后的激素治疗，不同*ApoE*等位基因也影响着治疗的效果。

晚期子宫内膜异位症会导致卵巢储备功能降低，局部病灶可能诱发炎症反应出现粘连和纤维化，细胞因子释放和活性氧生成会影响卵泡的微环境。有害的卵泡液可能会破坏卵丘细胞的功能，从而损害卵母细胞的能力，增加不孕的风险[54]。EMT的病变可能在卵泡发生、排卵、受精、胚胎植入等不同阶段出现。EMT患者的胚胎植入潜力降低，子宫的容受性降低与复发性妊娠丢失（RPL）有关。*ApoE*等位基因与EMT中自发性流产（SPL）之间也存在关联，EMT患者中*ApoE*2等位基因的携带者出现SPL率显著增高。*ApoE*-ε4是多种疾病的危险因素，如老年性痴呆（AD）、心血管疾病和高脂血症等。血清雌激素水平与ApoE存在于人卵巢卵泡液（FF）存在相关性，提示ApoE可能在卵巢中发挥重要作用。此外，先前的一项研究表明，ApoE水平的增加可能与老年女性中回收的成熟卵母细胞数量减少有关，而EMT患者可能存在ApoE和自发性妊娠损失之间的关联。先前的报道表明，ApoE的增加可能与老年妇女中获得的成熟卵母细胞数量的减少有关，而在EMT患者中，ApoE和自发性妊娠丢失之间可能存在关联。

本团队的研究结果表明，ApoE的表达在EMT患者卵泡液（FF）中明显增加，*ApoE*-ε4等位基因与EMT显著相关，并发现联合分析三个因素（BMI、高质量囊胚和ε4）可作为EMT发病的预测因子。

一、实验对象

对照组为安徽医科大学第一附属医院生殖医学中心因输卵管因素和/或男性因素不孕症接受体外受精和胚胎移植（IVF-ET）治疗。实验组为安徽医科大学第一附属医院诊断为EMT的患者。本研究共纳入111例对照组和106例EMT患者。纳入研究的大多数EMT患者被诊断为卵巢巧克力囊肿，其余EMT患者采用腹腔镜诊断。纳入标准如下：① 符合EMT临床诊断标准的患者；② 21～36岁的患者；③ 自愿参与研究并签署知情同意书的患者。排除标准为：① 恶性肿瘤患者；② 代谢性疾病患者；③ 严重内分泌疾病患者。本研究经安徽医科大学附属第一医院医学伦理委员会批准，患者均签署了知情同意书。

二、*ApoE*基因型鉴定

从外周血样本中提取*ApoE*基因型DNA。设计引物，并进行PCR扩增。采用 Sanger 测序法检测 *ApoE* 基因型。

三、卵泡液收集

卵泡液(FF)是在获得安徽医科大学第一附属医院伦理委员会的知情同意和批准后,收集接受体外受精和胚胎移植(IVF-ET)的妇女废弃的卵泡液。简单地说,在提取卵丘复合物后,将丢弃的 FF 在 12000 r/min 和 4 ℃的条件下离心10 min。收集上清液,保存在 − 80 ℃超低温冰箱中,直至检测。

四、Western Blotting 法检测卵泡液中 ApoE 蛋白表达

根据先前报道的程序,从卵泡液(FF)中提取蛋白质。变性后的蛋白质经电泳、转膜、封闭后,室温孵育一抗羊抗-ApoE(goat-anti-ApoE)(1 ∶ 10000)2 h,经洗涤后室温孵育 HRP-抗羊(HRP-anti-goat)二抗 1 h,经洗涤后,采用增强型化学发光检测系统检测 ApoE 蛋白条带。

五、数据分析

采用平均值 ± 标准差描述对照组和 EMT 患者的一般特征,采用 χ^2 检验 *ApoE* 等位基因(ε2、ε3 和 ε4)与哈-温平衡。计数数据采用 t 检验、非参数检验或 χ^2 检验,所有数据均采用 SPSS 23 软件进行分析。$p<0.05$,视为差异有统计学意义。采用单因素分析,确定两组间差异显著的变量。采用多因素 logistic 回归分析,建立使用 R4.0.3 预测子宫内膜异位症的直方图模型。

六、结果

(一) 对照组和 EMT 患者 FF 中的 ApoE 水平

EMT 患者的卵泡微环境与不孕症密切相关,因此,我们在 EMT 患者的 FF 中检测 ApoE 的表达。如图 2-1(a)、图 2-1(b)所示,EMT 组患者 FF 中 ApoE 的表达量高于对照组($p<0.05$)。通过 Sanger 测序证实了 *ApoE* 基因型,如图 2-1(c)~图 2-1(g)所示。

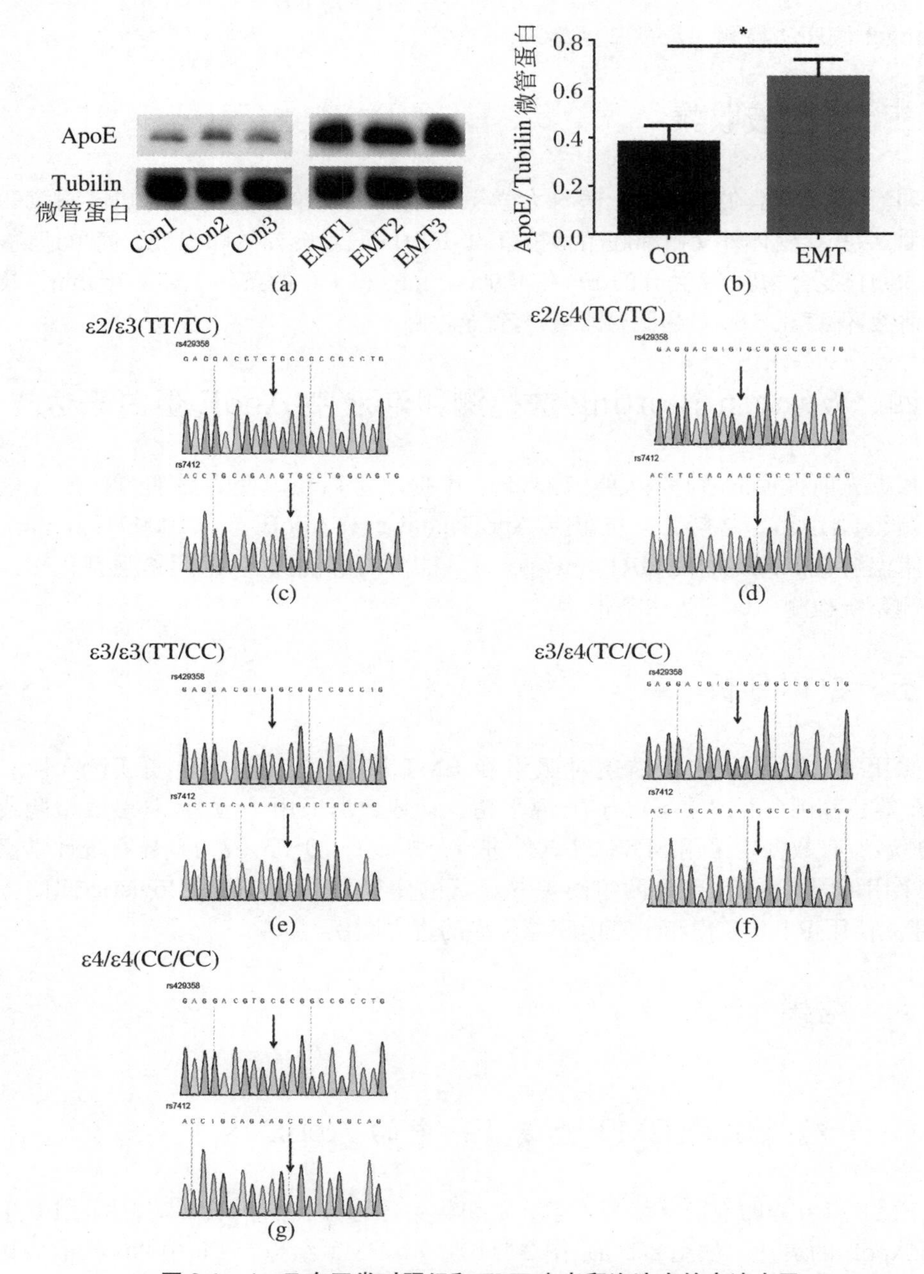

图 2-1　ApoE 在正常对照组和 EMT 患者卵泡液中的表达水平

注：(a)、(b)利用 Western Blotting 检测的 ApoE 在正常对照组和 EMT 患者卵泡液中的表达；Tubulin 作为内参；数据表示为均值±标准误；* $p<0.05$。(c)～(g)代表不同 *ApoE* 基因型 ε2/ε3，ε2/ε4，ε3/ε3，ε3/ε4，ε4/ε4 的 Sanger 测序图。箭头表示单核苷酸多态性的位置。

（二）对照组和EMT组的描述性特征

对照组和EMT患者的一般特征见表2-1。对照组患者111例（年龄在23～34岁），EMT组患者106例（年龄在21～36岁）。两组间年龄（$p=0.055$）、不孕时间（$p=0.065$）、获卵数（$p=0.091$）均无统计学差异，但BMI（$p=0.024$）、囊胚数（$p=0.018$）和高质量囊胚数（$p=0.004$）均有统计学差异。

表2-1 对照组和EMT患者的一般特征

参数	对照（$n=111$）	EMT（$n=106$）	t/z	p 值
年龄	28.369±2.347	29.094±3.109	−1.932	0.055
BMI（kg/m^2）	22.661±3.968	21.626±2.636	2.275	0.024*
不孕时间	3(2,4)	2(1,4)	−1.846	0.065
获卵数	12(9,20)	11(7,17)	−1.688	0.091
囊胚数	5(3,8)	3.5(2,6)	−2.369	0.018*
高质量囊胚数	5(2,7)	3(1,5)	−2.888	0.004**

注：数值表示为平均值±标准差或中位数；进行 t 检验和 χ^2 检验；BMI，身体质量指数；统计分析中包括6个人。* $p<0.05$；** $p<0.01$。

（三）*ApoE* 基因型与EMT的相关性

对照组和EMT组的 *ApoE* 基因型频率为：对照组，ε2/ε2 0，ε2/ε3 1.8%，ε2/ε4 0，ε3/ε3 92.8%，ε3/ε4 4.5%，ε4/ε4 0.9%；EMT患者，ε2/ε2，ε2/ε3 13.2%，ε2/ε4 1.9%，ε3/ε3 68%，ε3/ε4 13.2%，ε4/ε4 3.7%（表2-2）。对照组和EMT组的 *ApoE* 基因型分布均遵循哈-温平衡（表2-2）。

在本研究中，我们分析了对照组和EMT组中 *ApoE* 基因型之间的相关性。有趣的是，EMT患者组中 *ApoE*4 携带者（ε3/ε4，ε4/ε4）的数量明显高于对照组（表2-2，$p<0.01$）。

表 2-2　载脂蛋白基因型的频率以及在对照组和 EMT 患者中的频率

	对照(%)	EMT(%)	p 值
基因型			
ε2/ε2	0 (0)	0 (0)	
ε2/ε3	2 (1.8)	14 (13.2)	
ε2/ε4	0 (0)	2 (1.9)	
ε3/ε3	103 (92.8)	72 (68.0)	
ε3/ε4	5 (4.5)	14 (13.2)	
ε4/ε4	1 (0.9)	4 (3.7)	
等位基因频率			
ε2	2 (0.9)	16 (7.5)	
ε3	213 (95.9)	172 (81.1)	
ε4	7 (3)	24 (11.3)	
H-W-E p 值	0.104	0.114	
ApoE-ε4			
ε3/ε4,ε4/ε4	6 (5.4)	18 (16.9)	0.006**

注：χ^2 检验；** $p<0.01$。

（四）对照组和 EMT 组的激素水平

对照组与 EMT 患者之间激素水平的差异见表 2-3。FSH($p=0.798$)、LH($p=0.930$)、E2($p=0.172$)水平差异无统计学意义。

表 2-3　对照组和 EMT 患者的 FSH/LH/E2 水平

参数	对照($n=111$)	EMT($n=106$)	t/z	p 值
FSH	7.30 (6.27,8.55)	7.30 (5.74,8.88)	−0.256	0.798
LH	4.42 (3.27,6.07)	4.75 (3.36,5.83)	−0.088	0.930
E2	128 (59.5,227.75)	156.5 (72.25,238.30)	−1.365	0.172

进行非参数检验分析。

（五）EMT 患者的预测模型

如图 2-2(a)所示，多变量分析结果显示，BMI、高质量囊胚和 ApoE-ε4 是 EMT 的影响因素。然后，我们建立了一个针对 EMT 患者的预测模型[图 2-2(b)]。受试者工作特征(ROC)分析通常被作为评价预测模型质量的性能指标。ROC 曲线下面积(AUC)可以用来评估预测模型预测的准确性。为了检验所建立的模型对 EMT 患者的预测能力，我们研究了该模型预测 EMT 的敏感性[图 2-3(a)、BMI、

AUC = 0.554]；高质量囊胚、多因素敏感性[图 2-3(a)、*AUC* = 0.693]和三个因素的敏感性[图 2-3(b)、BMI、*AUC* = 0.554、高质量囊胚、*AUC* = 0.613、ApoE-ε4、*AUC* = 0.558]。我们发现，多因素预测模型比单因素预测模型具有更好的敏感性。随后，使用预测模型对 EMT 患者生成一个校正曲线[图 2-3(c)]。

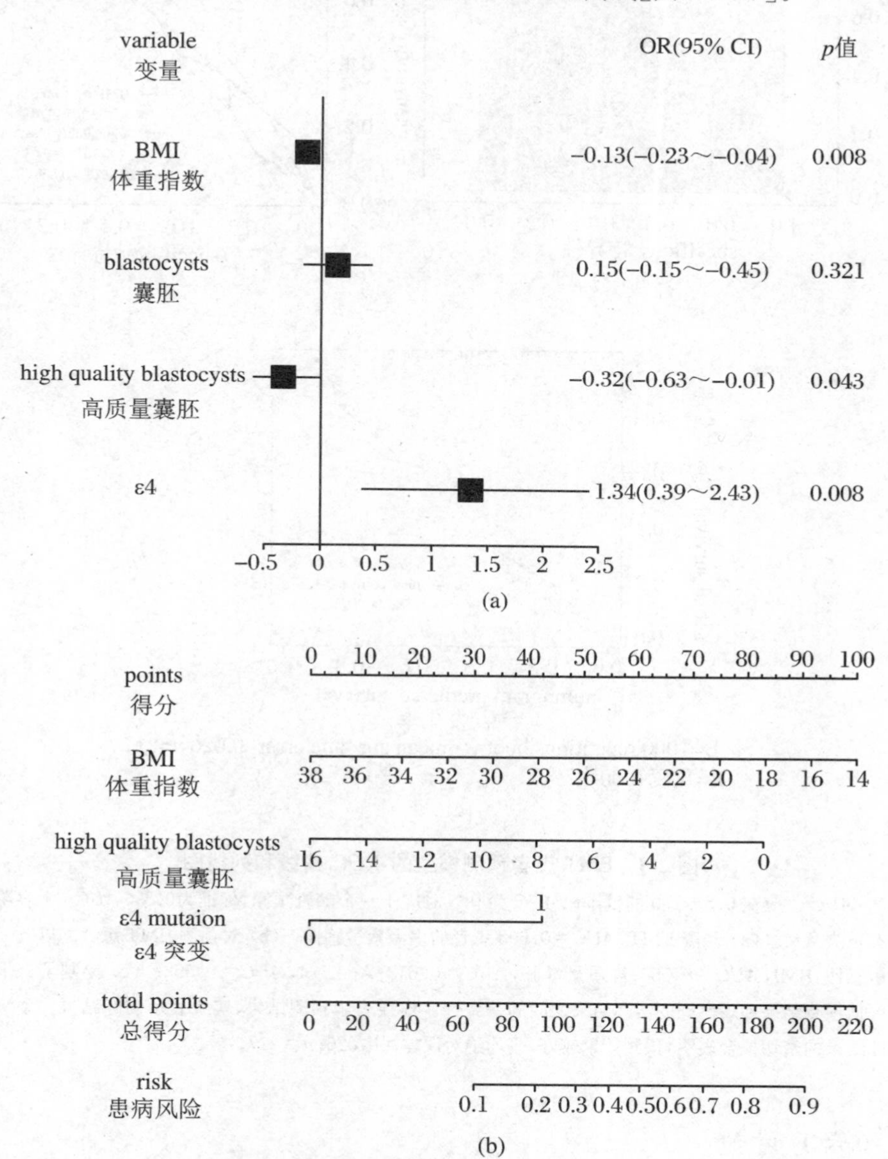

图 2-2 对照组和 EMT 患者的多因素分析及风险评估

注：(a) 对照受试者和 EMT 患者多变量分析得出的 Forest map 图；BMI，$p = 0.008$；高质量囊胚，$p = 0.043$；ApoE-ε4，$p = 0.008$。(b) Nomograph 图预测 EMT 患者。

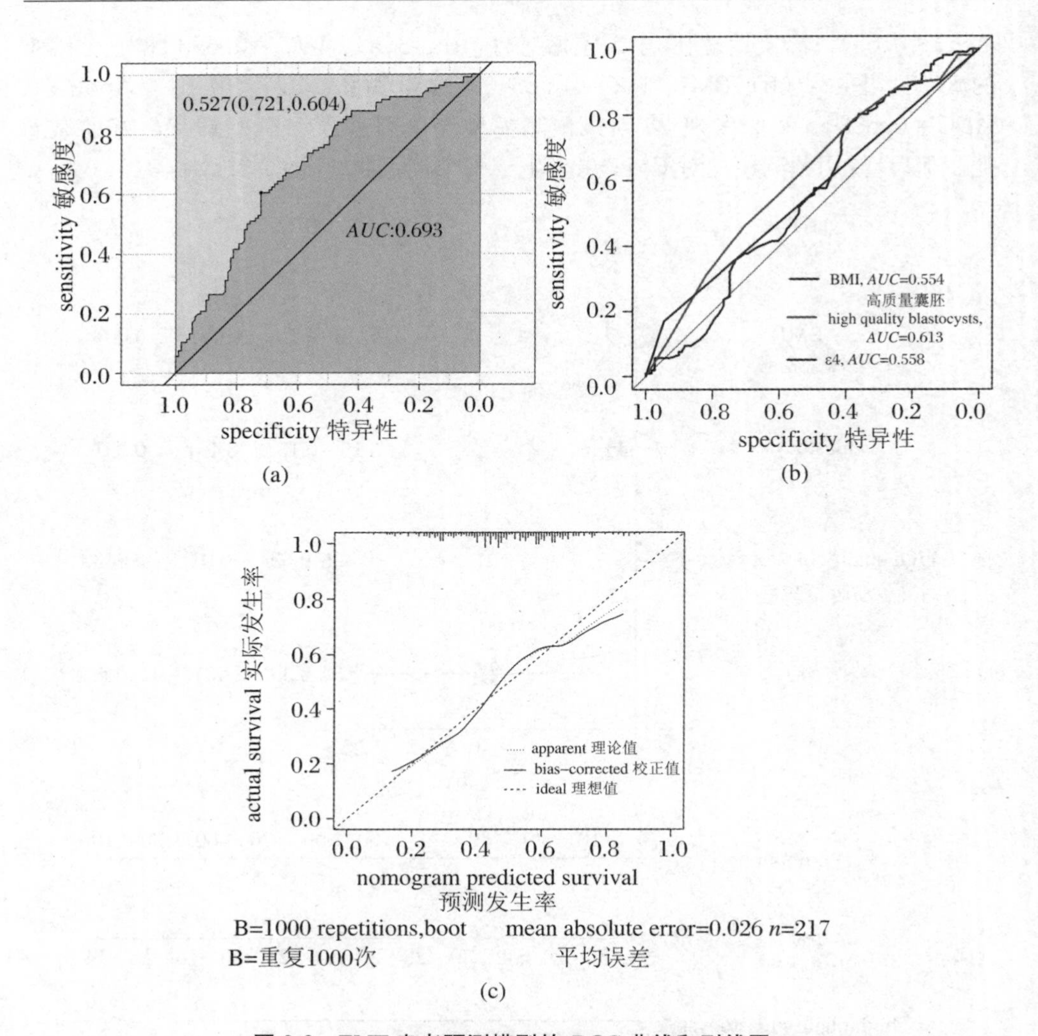

图 2-3　EMT 患者预测模型的 *ROC* 曲线和列线图

注：*AUC* 值应在 0.5～1.0 的范围。*AUC* 为 0.5 对应于一个随机预测，标准为0.5<*AUC*<1 表明该模型具有预测意义。(a) 预测 EMT；*AUC* = 0.693 患者的多因素敏感性。(b) 对预测 EMT 患者的以下三个因素的敏感性：BMI，*AUC* = 0.554；高质量囊胚，*AUC* = 0.613；ApoE-ε4，*AUC* = 0.558。(c) 绘制了一个列线图来评估预测结果和观察到的实际结果之间的一致性。虚线表示预测结果，实线表示实际结果。预测结果与实际结果的密切拟合表明，预测效果较好；平均绝对误差 = 0.026；*n* = 217。

（六）讨论

在本研究中，我们研究了 ApoE 是否在 EMT 的卵泡液中表达及是否在 EMT 的发病机制中起着重要作用。我们发现，与对照组相比，EMT 患者的 FF 中 ApoE 的表达明显增加。此外，我们还分析了对照组和 EMT 组之间 *ApoE* 基因型的差异。我们发现，与正常对照组相比，EMT 患者中有更多的 *ApoE*4 携带者（ε3/ε4，ε4/ε4）($p<0.01$)，结果提示 *ApoE*-ε4 在 EMT 的发病机制中起着重要作用。

既往的研究表明，ε3 是人群中最丰富的 *ApoE* 基因型，频率为 49%～90%；其次是 ε4，频率为 5%～37%；ε2 是最不丰富的基因型，频率为 0%～14%。这些结果与我们的分析结果一致，即对照组和 EMT 组中 ε3 的比例最高，对照组中 ε2 的比例低至 1.8%。由于 ApoE 的作用与脂质相关，大多数的研究都集中在心血管疾病和老年性痴呆的风险上。然而，ApoE 的作用远远超出了这些疾病，因为这种蛋白质可以影响许多疾病，如生育、糖尿病和肥胖。

ApoE 在子宫内膜和卵巢颗粒细胞中均有不同程度的表达。由于卵巢卵泡中存在多种细胞类型，因此脂蛋白和甾醇在卵巢功能的调节中的参与是复杂的。据报道，卵泡的生长受到激素和生长因子的影响，在老年女性中观察到的 ApoE 的增加可能与成熟卵母细胞数量较低有关。此外，在 EMT 患者中，ApoE 与自发性妊娠丢失可能存在关联，提示 ApoE 在 EMT 的发病机制中起着重要作用[3]。这些结果与我们的研究结果一致，即 EMT 患者 FF 中 ApoE 水平显著高于对照组 FF ($p<0.05$)。

本研究显示正常对照组和 EMT 组间的 BMI 存在差异($p=0.024$)，这与之前发现的 EMT 患者的 BMI 低于对照组的研究结果一致。虽然两组间的获卵数没有显著差异($p=0.091$)，但我们发现对照组的囊胚数量和高质量囊胚数量显著高于 EMT 患者。EMT 患者的囊胚，特别是高质量的囊胚受到不同程度的损伤。此外，我们还分析了两组的激素水平，发现两组间的 FSH、E2 和 LH 水平无显著性差异，这与之前的研究结果一致。此外，我们还成功建立了 EMT 患者的多因素预测模型。该模型具有良好的预测意义，*AUG* 值大于 0.693。所建立的模型也为可用于预测 EMT 的发生和发展提供了证据。

当然，本研究仍有一定的局限性。首先，以往的研究表明，炎症是 EMT 的中心过程，可导致疼痛、纤维化、粘连形成和不孕症。炎症在 EMT 的病因学和病理生理学中起着重要的作用[55]。其次，据报道，*ApoE*-ε4 与较高水平的炎症相关。EMT 患者 FF 中的细胞因子的表达及 ApoE 表达与人 FF 中细胞因子的关系将是我们以后研究的重点。此外，越来越多的研究关注自噬在 EMT 中的作用，并表明自噬在 EMT 中起着至关重要的作用[56]。然而，据报道，ApoE 与自噬有关。因此，ApoE 可能通过调控自噬参与 EMT 的发生和发展，这也是我们今后研究的一个方向。有报道称，生长因子如 BMP15 和 GDF9 是局部旁分泌和自分泌因子，在调节卵泡发育和卵巢功能中发挥重要作用，并在 EMT 的病理生理学中发挥重要作用。在 EMT 患者的 FF 中，ApoE 与 BMP15 或 GDF9 之间可能存在的关联，也是我们将在未来的研究中探讨的一个研究课题。此外，在未来的研究中，我们还会通过增加样本量的方式来验证。

综上所述，本研究进一步证明了 EMT 患者的卵泡液中 ApoE 的表达增加，且

ApoE4 与中国女性的 EMT 明显相关。此外，我们建立了一个敏感性良好的多因素预测模型，可以预测 EMT 患者，并结合三个因素（BMI、高质量囊胚和 ε4）来预测 EMT。ApoE 对 EMT 发生发展的影响有待进一步研究。

第四节 *ApoE* 基因多态性与多囊卵巢综合征（PCOS）

多囊卵巢综合征（PCOS）是一种异质性疾病，是女性最常见的内分泌疾病，绝经前妇女的患病率为 6%～8%。PCOS 可引起女性体内的激素紊乱，导致雄激素过多，雌激素异常。胰岛素抵抗、高胰岛素血症、2 型糖尿病等疾病均会成为 PCOS 所衍生出的代谢问题[57]。在激素的长期不稳定作用下，患者卵巢逐渐增大，由于卵泡不能正常成熟及排出，便会在卵巢中形成大小不一的囊泡，超声可发现 PCOS 患者排卵不频繁或无排卵（少排卵），卵巢因此增大，质地坚韧。患者表现出月经稀发、多毛、肥胖、不孕等临床症状。除了卵泡成熟和排出困难外，PCOS 患者的胚胎植入能力较低。PCOS 所引起的机体代谢和排卵功能障碍多数情况都与肥胖有关，减肥可以有效恢复排卵，同时改善高雄激素血症。

有研究指出，与纯合等位基因 ε3/ε3 相比，ε2 等位基因的携带者（ε2/ε2、ε2/ε3）表现出更高的 BMI、腰围和臀围、体重与臀围比、胰岛素代谢曲线。高密度脂蛋白（HDL）较低、体内甘油三酯（TG）/高密度脂蛋白胆固醇（HDL）水平较高，代谢综合征的患病率增加。而 ε4 等位基因携带者（ε3/ε4、ε4/ε4）表现出较高的总胆固醇（TC）和低密度脂蛋白（LDL），这都与 PCOS 患者临床症状相对应，说明 ApoE2 和 ApoE4 可能通过引起机体脂类代谢紊乱进一步诱发 PCOS 的发生。血脂异常是 PCOS 最常见的并发症，但血脂异常的类型和程度没有明确规律。研究显示，与对照的受试者相比，PCOS 妇女的低密度脂蛋白颗粒直径更小，氧化低密度脂蛋白（OX-LDL）浓度升高，低密度脂蛋白的氧化敏感性也是致动脉粥样硬化判断的依据之一，进一步表明这些 PCOS 患者体内的确存在脂质代谢障碍[58]。无论是正常体重还是超重的 PCOS 患者体内均发现了高浓度 OX-LDL，该因素可能是导致 PCOS 患者过早出现动脉粥样硬化的发病诱因。现已证实，血清 ApoE 的水平与体内脂质代谢和胰岛素敏感性具有相关性[59]。PCOS 患者（主要是超重患者）存在明显的胰岛素抵抗，即使是调整 BMI 后，患有和不患有 PCOS 的高胰岛素血症的妇女出现心血管疾病的风险仍然高于正常人。尽管有研究已经显示出 PCOS 引起的体内脂质代谢紊乱以及高胰岛素抵抗等问题和 ApoE 具有一定的联系，且两者都与心血管疾病的危险因素有着潜在的关联。但目前关于两者的直接关系的研究结果仍然较少，需要进一步的研究。

ApoE 可在参与类固醇生成的组织中合成。ApoE 在卵巢颗粒细胞中分泌，其产生受激素调节。人类卵泡液(FF)中也发现 ApoE 的存在，表明 ApoE 在卵巢中起着重要作用。在体外培养的卵巢间质细胞中，外源性 ApoE 会抑制促黄体生成素(LH)，使雄激素合成障碍。ApoE 的 mRNA 出现于各个阶段的卵泡膜细胞和卵巢间质细胞中，表明 ApoE 可能在卵泡膜细胞和卵巢间质细胞产生，并在局部作为自分泌因子调节雄激素等类固醇的合成。同时，闭锁卵泡和退化黄体中也会产生 ApoE，这有利于将退化结构中释放的脂质重新利用。*ApoE* 基因敲除小鼠会出现严重的高胆固醇血症、胆固醇代谢紊乱，并且在卵巢中堆积大量脂质，导致卵巢增大，体内雌激素和孕酮水平在 3 个月左右显著降低。*ApoE* 基因缺失还增加了卵巢中闭锁卵泡和凋亡卵泡的比例。上述研究均表明 ApoE 对于卵巢功能的重要作用，ApoE 参与了卵巢多种生物合成过程，维持了卵巢内部脂类代谢和激素水平的稳定，其缺失对于卵巢功能和卵泡发生有着不利的影响。

过多的活性氧产生会导致非酶抗氧化剂难以维持体内需求，产生线粒体的功能失调，多囊卵巢综合征这类疾病已被证实与线粒体功能失调和抗氧化能力下降导致的氧化应激增加有关。

第五节　*ApoE* 基因多态性与复发性流产(RSA)

自发性流产(SPL)，也称为流产或自然流产，一般是指小于 20 孕周、不能存活的宫内妊娠。流产是最常见的妊娠并发症之一，在所有已知妊娠中，流产发生率高达 15%，其中 2%～3%的病例会复发[60]。在复发性流产(RSA)的妇女中，*ApoE*4 基因型(*ApoE*3/4 和 *ApoE*4/4)出现比例显著较高。据估计，已经被确认妊娠后，妊娠丢失(PL)的频率为 10%～25%，其中约 50%的原因不明，越来越多的证据表明，复发性流产(RSA)可能由环境和遗传因素引起。有研究表明，在 RSA 患者中，14.3%具有 *ApoE*4 基因型(*ApoE*3/4 或 *ApoE*4/4)。*ApoE* 基因型与 EMT 中自发性流产(SPL)之间也存在关联，EMT 患者中 *ApoE*-ε2 等位基因的携带者出现 SPL 率显著增高。

ApoE-ε4 等位基因与 RSA 相关，已知其与较高的低密度脂蛋白和血栓形成相关，这可能影响了胎盘的血流和正常胚胎宫内生长过程，最终导致妊娠期血液高凝状态，继发流产。高凝状态一方面与血栓形成有关，另一方面与纤溶降低有关。*ApoE* 基因多态性作为血栓形成因子相关的潜在标记物在其中发挥作用，基因多态性可能是导致反复妊娠的致血栓危险因素之一。由于怀孕本身就是一种高凝状态，因此叠加在这种状态上的 ε4 更进一步增加了凝血风险。

虽然多项研究都显示 *ApoE*4 可能增加 RSA 的风险，但 *ApoE*3 是可以预防自然流产发生的，*ApoE*2 则与 RSA 之间完全没有关联[61]。在成功的妊娠过程中，有许多体内平衡因素，炎症因子和抗炎细胞因子之间的平衡至关重要。有报告表明，ApoE 通过改变机体的炎症反应调节细胞死亡机制，*ApoE*4 的携带者血浆中 IL-10 的浓度降低了，同时减弱了机体抗炎能力，体内的炎症水平升高或许是流产风险增加的又一原因。

与携带 ApoE2 和 ApoE3 的受试者相比，携带 ApoE4 的受试者的血浆低密度脂蛋白浓度更高。胎盘血管系统异常可导致多种妊娠疾病，包括妊娠早期和中期流产、宫内生长受限、宫内胎儿死亡、胎盘破裂和先兆子痫。在妊娠早期，升高的血脂水平可能通过积聚在血管内膜中促进血栓形成，血管内膜细胞已被炎症细胞因子激活。在妊娠后期，胎盘血管中血栓的形成减少了胎盘向胎儿的血流和氧气供应，导致滋养层细胞和胚胎死亡[62]。胆固醇作为类固醇生成的前体，在妊娠胚胎中起着关键作用。ApoE4 的存在与 ApoE 对低密度脂蛋白受体的亲和力降低有关，这导致血液中胆固醇的吸收减少，反过来又会导致甾体激素和胆固醇发生紊乱。

一些报告显示 ApoE 对复发性流产风险没有影响，而另一些报告将 *ApoE*4 或 *ApoE*2 与复发性流产风险较高联系起来。通过随访一群女性长达 25 年的生育过程，并鉴定了她们的 ApoE 等位基因，通过分析她们在整个生育期内的流产风险得知，在白人女性中，与 ApoE-ε3 携带者相比，ApoE-ε2 携带者相关的流产事件发生更为常见，ApoE-ε2 携带者的总胆固醇和低密度脂蛋白胆固醇水平较低。这是一种种族依赖现象，因为在同期观察到的黑人女性中未显示 ApoE 等位基因与流产之间的关联。白人女性在 ApoE-ε2 携带者中的累积流产风险为 37.2%，而在 ApoE-ε3 和 ApoE-ε4 携带者中流产风险分别为 27.8%和 24.8%。在黑人女性中，*ApoE* 表型之间的流产风险没有差异，同时，经过纵向分析比较，ApoE-ε2 等位基因的有害影响持续稳定，因为在白人女性检查时几乎每次都能观察到类似的流产率增加。

非复发性和复发性流产的潜在遗传原因可能不相同。然而，由于 ApoE-ε2 和 ApoE-ε4 等位基因在人群中频率较低，研究 ApoE 基因多态性对生殖内分泌的影响需要大量的研究群体。事实上，根据以往的研究发现关于纯合子 ApoE-ε2/ε2 的信息几乎是空白的，并且符合条件的女性非常少，这使得检测这些少数 ApoE 等位基因与妊娠丢失之间的关联以及评估和两者之间关系的判断尤为困难。

尽管 ApoE-ε2 携带者流产风险的增加，但并没有表现为该群体每位妇女生育的孩子数量减少。同时有研究还发现，改变妊娠期 ApoE 多态性可能影响妊娠结局，可能对胚胎发生直接影响或通过胆固醇衍生激素对胚胎造成影响[63]。

综上，关于 *ApoE* 在不孕症发病过程中的作用到目前为止还十分有限，且多数研究样本量少，地域分布范围大，所以样本间会有许多差异，结果并不十分准确。但是，这为数不多的研究依然显示出 *ApoE* 与女性的生殖和生育之间具有潜在关联，其在 POI、PCOS、EMT 和妊娠丢失等疾病发生过程中起到重要作用，最终引起女性的不孕。因此，深入了解 *ApoE* 是如何调节这些女性生殖系统常见病，探究其作用的分子机制，有助于更好地了解不孕症的发病过程，有助于疾病的早期发现和诊断，也为不孕症发病提供了新的治疗思路，对于临床新药物研发也有着十分积极的意义。

第三章　ApoE 与女性生理周期

第一节　ApoE 与雌激素

一、雌激素的来源及其生理功能

雌激素(estrogen)属于类固醇激素,在绝经前女性和雌性动物中主要来源于卵巢。而在绝经后女性和男性,非性腺组织成为雌激素的主要来源,如在肾上腺、脂肪、骨髓和大脑中均有合成。雌激素对机体作用广泛,它可以促进女性生长发育,促进乳房、子宫、输卵管、阴道、卵巢的生长成熟,并且是维持女性生理周期和性成熟所必需的[64]。同时,男性生殖器官,如睾丸、前列腺也是雌激素的靶器官[65]。除了生殖发育的功能之外,雌激素被公认为具有调节生殖神经内分泌系统、情绪、认知等重要功能的作用。

二、雌激素的合成

作用为许多甾体类和非甾体类化合物所共有。雌激素主要以胆固醇为前体进行数十步的生物转换合成而来。在机体中主要发挥功能的雌激素为17β-雌二醇(E2),同时,其他一些相关雌激素,如雌酮和雌三醇,同样具有生物学功能。在卵巢中,绝大部分17β-雌二醇分泌以后通过与血浆蛋白结合的形式进行运输,最终到达靶器官。仅有2%~3%的雌激素以游离方式存在于内分泌循环系统中。类固醇激素具有脂溶特性,因此,可以以自由扩散的方式通过膜结构。同样,17β-雌二醇通过内分泌循环系统到达血脑屏障,并以自由扩散的方式通过[66]。芳香化酶(aromatase)属于P-450细胞色素超家族中的一员,是17β-雌二醇合成的限速酶,催化雄激素形成芳香环结构直接得到雌二醇。芳香化酶在性腺组织,如卵巢和睾丸中有大量的表达。在很多非性腺组织,包括脂肪组织、肾上腺、骨髓造血干细胞和大脑中也有广泛的表达。其中,在中枢神经系统中,芳香化酶的表达具有区域特异性,高表达的芳香化酶的结构有海马、丘脑、下丘脑和脑桥。这就提示,中枢神经系统中局部合成的雌激素可能在许多重要的功能中扮演重要的角色[67]。

芳香化酶是由包含两个蛋白组合而成的复合:一个是细胞色素 P-450 芳香化酶,它的功能是连接甾醇的 C19 主链和形成苯 A 环(phenolic A-ring);另一个为黄素蛋白(flavoprotein,NADPH-cytochrome P-450 reductase),它可以用 NADPH 还原任何细胞色素的微粒体形式。

三、雌激素的神经保护作用

研究发现,雌激素不仅参与调控生殖系统,在神经系统方面也发挥重要的保护作用。雌激素主要通过两种途径发挥作用:一方面,雌激素可以与细胞内相应受体结合发挥作用;另一方面,雌激素也可以通过抗炎、抗氧化应激等非受体依赖的途径发挥作用。

研究表明,雌激素受体(estrogen receptor,ER)分为核受体和膜受体两大类。核受体主要包括 ERα 和 ERβ 两种亚型。膜受体是核受体的膜性成分。当 ER 与配体结合后,形成同源二聚体,通过与雌激素反应元件(estrogen response element,ERE)的结合调节基因的表达或改变基因的转录活性。已有大量的文献报道雌激素具有广泛的神经保护作用。在细胞水平上,大量的文献证实雌激素促进神经细胞的生长分化、突起的形成和对不利因素的抵抗作用。雌激素可能通过影响神经元的神经营养因子进而起到保护神经细胞的作用。在 H_2O_2 诱导的 PC12 细胞氧化应激模型中,雌激素通过抗氧化应激对 PC12 细胞起到保护作用。另外,雌激素的神经保护作用与线粒体密切相关。雌激素能够影响线粒体内 ATP 及活性氧的产生,直接或间接地影响线粒体功能。雌激素还可以通过与受体结合保护线粒体膜的完整性,维持线粒体膜电位。动物模型的在体研究同样证实雌激素的神经保护功能。研究发现,ERα 敲除小鼠模型雌激素的神经保护作用完全消失。

四、雌激素对 ApoE 的调节作用

大量研究报道证实,雌激素在中枢神经系统中发挥重要功能的途径之一就是可以调节 ApoE 的表达。通过原代培养小鼠皮层神经细胞已经证实 ApoE 的表达量随着时间和雌激素剂量增加,并且影响到神经突起的生长,同时,雌激素的这种效应具有不同 *ApoE* 基因型的依赖性,即 *ApoE*3 基因背景的神经元具有更多更长的突起[68]。研究发现,雌激素对 ApoE 的调节作用是通过雌激素受体 ER 介导的。并且,雌激素对 ApoE 的调节作用具有不同的雌激素受体亚型的依赖性,结果显示雌激素通过受体 ERα 介导的是上调 ApoE 蛋白,与此相反,而雌激素受体 ERβ 介导的则是下调 ApoE 的表达量。

与细胞和动物实验相吻合的是在大量临床研究中证实雌激素的功能发挥同样

与 ApoE 具有广泛的联系。研究发现，雌激素对认知功能的改善仅发生在非 *ApoE-ε4* 的携带者人群，而对于 *ApoE-ε4* 的携带者，雌激素的替代治疗并没有良好的疗效。研究结果显示，不携带 *ApoE-ε4* 的女性比携带 *ApoE-ε4* 的女性在使用激素替代疗法时血浆胆固醇和 LDL 浓度水平的改善更明显。最近的研究发现，对于雌激素替代疗法，*ApoE-ε4* 携带者更早出现了认知功能的障碍。这些研究提示 *ApoE* 基因型影响了雌激素替代疗法疗效。然而，其中的机制还有待研究。

五、ApoE 对雌激素生物合成可能的影响

在人类中，ApoE 不仅主要在肝脏和大脑中合成，而且也在其他地方产生，包括在类固醇生成组织中。ApoE 在卵巢和肾上腺组织中被发现，有相当多的证据表明它可以调节胆固醇的使用和类固醇的生成。然而，在生理条件下，ApoE 是中枢神经系统中主要的载脂蛋白，其运载的重要物质之一就是胆固醇，即雌激素合成的前提物质[69]。不同的 ApoE 运输胆固醇能力的差异是否会影响到雌激素的生物合成呢？研究结果显示，ApoE 蛋白或是人工合成的 ApoE 短肽对于大鼠卵巢细胞中雄激素生物合成具有重要的作用。另有研究发现，人工合成的 ApoE 短肽也可以影响到 17-α 羟化酶和 C17-20 裂解酶的生物合成和分泌，这两个酶同属于 P-450 超家族成员。而进一步的研究发现低密度脂蛋白（LDL）受体超家族成员介导了 ApoE 对这两个酶的作用。在雌激素的合成通路中，芳香化酶将雄激素直接转化为雌激素。芳香化酶（aromatase，CYP19）同样作为 P-450 超家族中的一员，也很有可能像 C17-20 裂解酶一样受到 ApoE 的调节。因此推论 ApoE 肽段可能通过 LDL 受体影响芳香化酶进而影响雌激素合成是合理的。综上所述，我们推测不同亚型 ApoE 可能影响到雌激素的生物合成，并且有可能通过两种机制发挥作用：

（1）不同亚型 ApoE 运载胆固醇的能力不同，从而影响到胞内胆固醇的浓度，导致雌激素合成的差异。由此推论，合理之处在于，已有大量关于 ApoE 结构方面的研究证实不同 ApoE 亚型载脂复合体的结构差异导致与受体的亲和力的差异。然而，考虑到胆固醇是细胞膜结构的重要组分，其来源丰富，细胞胆固醇浓度差异会影响到重要的细胞功能，因此这种假设还需实验进一步验证。

（2）芳香化酶作为雌激素合成的限速酶，其生物活性对于雌激素的生物合成有着至关重要的作用。不同 ApoE 亚型引起的细胞信号通路的改变调节了大量基因的表达谱系的变化，而已有研究证实雌激素合成通路上的其他合成酶受到了影响。我们猜想 ApoE 很有可能影响到了芳香化酶的功能。ApoE 不同的亚型具体通过什么分子机制影响雌激素还有待深入地研究。

第二节　ApoE与初潮和自然绝经

初潮和绝经是关乎女性一生中生理和心理福祉的两大重要事件。女性自然初潮和绝经的提前和延迟与多种疾病风险的升高密切相关。因此,研究女性自然初潮和绝经的影响因素对于评估女性的健康状态非常重要。作为女性生理的两大重要特征,自然初潮和绝经受到众多的环境因素影响,其中包括营养、锻炼、社会经济地位、社会心理刺激等。然而,对于女性初潮和绝经的时程起到决定性因素的还是遗传因素。同卵双胞胎研究结果证实,遗传因素在女性初潮年龄的时程中起到了(53%～74%)决定作用,在绝经进程中也起到(63%)决定作用。近年来,已有相关分析研究发现了染色体上可能控制女性初潮和绝经的基因位置[70]。然而,女性初潮和绝经的特定决定因子仍需继续研究。

如前所述,ApoE与人类多种常见疾病密切相关,如老年性痴呆(AD)、动脉粥样硬化等。ApoE同样也被认为是能够影响生殖特征如初潮和绝经的备选基因。它在组织和血浆中的质脂代谢和运输起到重要作用。在甾醇类激素生成组织中,ApoE运载胆固醇为甾醇激素的合成提供前体。这些研究提示,ApoE在甾醇激素合成系统中起到重要作用,并且有可能影响到生殖特征。鉴于ApoE在甾醇激素生物合成中起到重要作用,因此,研究人群中*ApoE*不同等位基因与血液中甾醇激素水平以及生殖特征如初潮和绝经的相关性就显得具有重要意义。截至现在,仅有很少关于*ApoE*基因多态性与女性初潮和绝经的相关研究。

一、材料和方法

(一)受试者

本研究的老年组受试者为参加安徽医科大学第一附属医院正常体检的绝经后女性。实验中,我们排除肝脏、肾脏疾病和卵巢切除手术受试者。年轻组受试者为安徽商学院一年级学生。398位年龄在45～80岁的已绝经女性和825位年龄在15～25岁的年轻女性参加了本次研究。通过问卷调查的形式了解这些受试者的基本信息,其中包括受教育水平、职业、生活习惯、月经周期、生育史、初潮和绝经年龄及其细节。本研究已得到安徽医科大学伦理委员会的批准。并且,本研究得到了每位受试者的许可。

（二）*ApoE* 基因型鉴定

全血基因组DNA通过DNA抽提试剂盒提取并且 *ApoE* 基因型通过限制性内切酶片段长度多态性(RFLP)进行鉴定。227 bp长的DNA片段使用PCR方法扩增,引物序列为5′-TCCAAGGAGCTGCAGGCGGCGCA-3′和5′-ACAGAATTC-GCCCCGGCCTGTACACTGCCA-3′。这段DNA片段中包含了两个单核苷酸多态性(SNP)位点,这两个位点将人类 *ApoE* 区分成三个等位基因(ε2,ε3,ε4)。DNA扩增片段通过CfoI消化形成特定的酶切片段并且通过12%的聚丙烯酰胺凝胶电泳进行区分。

（三）激素测量

受试者血清被保存在－80℃冰箱中。部分受试者血清中的雌激素、促卵泡素(FSH)、促黄体生成素(LH)通过放射性免疫方法测得。

（四）统计分析

ApoE 等位基因频率通过 χ^2 分析符合Hardy-Weinberg平衡(H-W-E)。不同 *ApoE* 亚型与其携带者的月经相关特征的相关性通过单因素方差分析和 t 检验得出。非参分析用来检验 *ApoE* 某一亚型携带者或非携带者与初潮和绝经年龄之间的相关性。p 值小于0.05被认定具有显著性。本研究的所有统计分析都是通过SPSS 11.0软件实现的。

二、结果

（一）研究对象基本特征

受试者的基本特征在表3-1和表3-2中进行描述。老年组(表3-1)包含398位年龄在45～80岁用于研究ApoE与绝经特征的相关性。在不同的 *ApoE* 基因型携带组之间,受试者的年龄($p=0.164$),受教育水平($p=0.838$),BMI (kg/m^2)($p=0.809$),避孕药的使用($p=0.685$)等特征组间具有可比性。老年组受试者平均初潮和绝经年龄分别为(14.79±1.8)岁和(49.87±3.7)岁。年轻受试者年龄在14～25岁范围,平均的初潮年龄为(14.04±1.2)岁。

表 3-1　老年女性的 *ApoE* 基因型及其与临床特征的关系

ApoE 基因型	ε2/ε3	ε3/ε3	ε3/ε4	单因素方差分析 p 值	t 检验(33—34) p 值
目标编号	60	286	44		
年龄	63.3±7.4	61.7±7.9	63.6±7.4		0.142
初潮年龄(年)	14.3±1.6	14.8±1.8	14.9±1.8	0.487	0.558
月经期(%)	92.0	94.92	92.5	0.638	
怀孕次数	3.3±1.5	3.6±1.7	3.7±1.7	0.451	0.737
活产数	2.2±1.2	2.1±1.0	2.3±0.9	0.347	0.142
母乳喂养(是)(%)	85.0	87.4	90.9	0.839	
口服避孕药的使用(否)(%)	92.1	94.2	89.7	0.819	
BMI(kg/m^2)	23.6±2.9	23.9±2.9	23.9±3.1	0.814	0.955
教育(年)	12.5±2.0	12.8±2.0	12.6±3.0	0.838	0.740
自然绝经年龄	49.8±4.2	49.7±3.6	51.5±3.2	0.010	0.002

注:数值以平均值±标准差表示;进行了学生 t 检验和单因素方差分析。8 个具有 *ApoE*-ε2/ε2(1 个)、*ApoE*-ε2/ε4(5 个)和 *ApoE*-ε4/ε4(2 个)基因型的人没有包括在统计分析中的 BMI。

表 3-2　年轻女性的 *ApoE* 基因型及其与临床特征的关系

ApoE 基因型	ε2/ε2	ε2/ε3	ε2/ε4	ε3/ε3	ε3/ε4	ε4/ε4	单因素方差分析 p 值
目标编号	6	124	13	540	136	6	
年龄	18.7±1.5	19.2±1.0	18.7±1.3	19.2±1.0	19.3±0.5		
初潮年龄	13.8±0.8	14.1±1.1	14.1±1.2	13.9±1.1	14.3±0.5	0.430	
月经期(天)	4.8±1.2	5.1±1.0	5.1±1.0	5.2±1.0	5.3±1.2	4.7±1.0	0.353
月经周期(天)	30±1.1	29.0±2.4	29.2±1.6	29.2±2.0	29.2±2.0	29.3±1.0	0.871

注:数值为平均值±SD;进行单因素方差分析。

(二) *ApoE* 基因型与初潮和绝经年龄相关分析

ApoE 基因型与受试者月经特征间的相关性分析表述在表 3-3 中。在老年组中,我们发现 *ApoE* 基因型与受试者的绝经年龄显著相关($p=0.010$)。与 *ApoE*-ε3/ε3 携带者相比,*ApoE*-ε3/ε4 携带者的平均绝经年龄延迟了约 1.8 年(ε3/ε3＝49.7±3.6,ε3/ε4＝51.5 ±3.2,$p=0.002$)。同时,我们并没有发现 *ApoE* 基因型

与受试者的其他生育特征之间的相关性，如初潮年龄（$p=0.487$）、月经周期（$p=0.638$）、子女数目（$p=0.510$）、母乳喂养（是）（%）（$p=0.262$）。在年轻组中，我们并没有发现 *ApoE* 基因型与受试者初潮年龄及其他月经特征之间的相关性（$p=0.430$）。

表 3-3　*ApoE* 等位基因（ε2、ε3、ε4）与初潮和绝经的关联分析

ApoE 等位基因	*N*（%）		*p* 值
年轻组		初潮年龄	
ε2	143(17.3)	14±1.1	
无 ε2	682(82.7)	14.0±1.2	0.795
ε3	800(97.0)	14.1±1.2	
无 ε3	24(3.0)	13.9±0.9	0.493
ε4	155(18.8)	13.8±1.1	
无 ε4	670(81.2)	14.1±1.2	0.048
老年组		初潮年龄	
ε2	62(16.2)	14.6±1.6	
无 ε2	321(83.8)	14.8±1.8	0.305
ε3	375(97.9)	14.8±1.7	
无 ε3	8(2.1)	13.8±2.9	0.370
ε4	50(13.1)	14.8±2.1	
无 ε4	333(86.9)	14.8±1.7	0.816
年轻+老年组		初潮年龄	
ε2	205(17.2)	14.2±1.3	
无 ε2	1003(83.0)	14.3±1.5	0.368
ε3	1175(97.3)	14.3±1.4	
无 ε3	33(2.7)	13.8±1.6	0.208
ε4	205(17.0)	14.1±1.5	
无 ε4	1003(83.0)	14.3±1.4	0.055
老年组		绝经年龄	
ε2	66(16.6)	49.6±4.2	
无 ε2	332(83.4)	49.9±3.6	0.826
ε3	390(98)	49.9±3.7	
无 ε3	8(2.0)	47.9±2.4	0.053
ε4	51(12.8)	50.9±3.4	
无 ε4	347(87.2)	49.7±3.7	0.023

注：数值以平均值±标准差表示；进行了非参数测试分析。

不同 *ApoE* 携带组中初潮和绝经年龄细节通过生存曲线表述于图 3-1 中。老年组受试者中，我们发现 *ApoE*-ε3/ε4 携带组的绝经年龄曲线与其他两个携带组 ε2/ε3，ε3/ε3）显著不同（$p=0.011$）。在年轻组中，尽管 *ApoE*-ε3/ε4 携带者的平均初潮年龄有所提前，但是我们没有在 *ApoE* 三个基因组携带者（ε2/ε3，ε3/ε3，ε3/ε4）与初潮年龄之间发现显著性（$p=0.204$）。

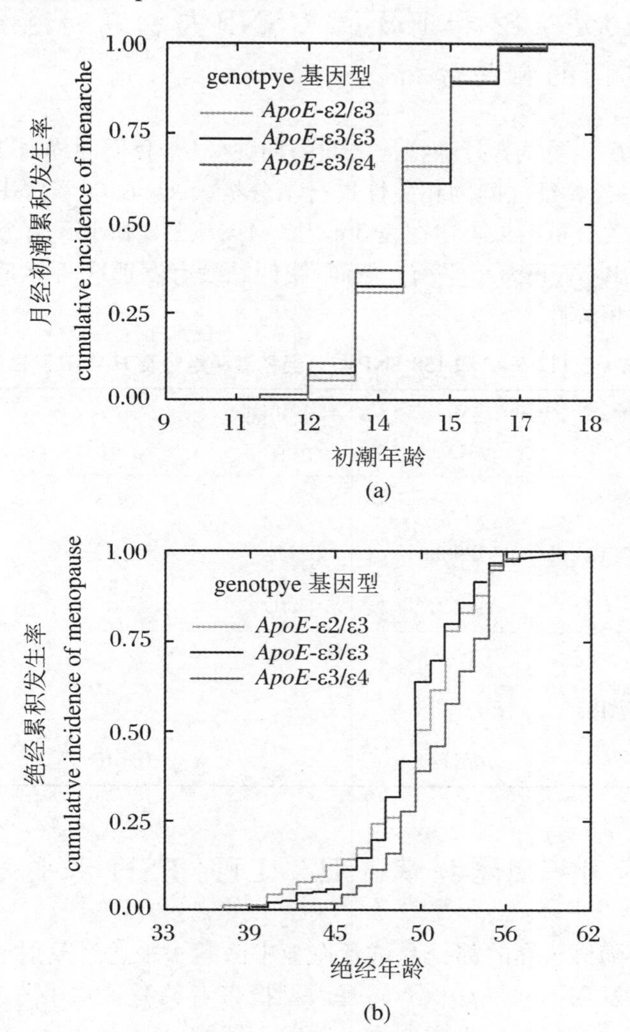

图 3-1　不同载脂蛋白基因型（ε2/ε3，ε3/ε3，ε3/ε4）的受试者初潮年龄（a）和绝经年龄（b）的累积发生率图

单个 *ApoE* 等位基因携带与否与受试者初潮和绝经年龄之间的相关分析描述见表 3-3。我们发现 *ApoE*-ε4 携带者的平均绝经年龄要比 *ApoE*-ε4 非携带者延迟了约 1.2 年(ε3/ε3 = 49.7 ± 3.7，ε3/ε4 = 50.9 ± 3.4，p = 0.023)。在年轻组中，*ApoE*-ε4 携带者的平均初潮年龄要比 *ApoE*-ε4 非携带者有所提前(p = 0.048)。

（三）*ApoE* 112 和 158 位点 SNP 与初潮和绝经年龄之间的相关分析

除了 *ApoE* 与受试者月经特征之间的相关分析，我们同样对 112 和 158 两个位点 SNP 与月经特征之间的相关性进行了分析。*ApoE* 单个 SNP 与受试者月经特征之间的相关分析结果表述在表 3-4 中。*ApoE* 112 和 158 两个位点 SNP 基因分布符合 Hardy-Weinberg 平衡。然而，我们并没有发现这两个 SNP 位点与月经特征之间存在相关性。

表 3-4　*ApoE* 112 SNP 和 158 SNP 与月经初潮和绝经及 H-W-E 测试的关联分析

SNP	SNP ID	月经初潮 p 值	绝经 p 值	H-W-E p 值
年轻组				
112 SNP(C/T)	rs429358	0.115		0.463
158 SNP(T/C)	rs7412	0.909		0.237
老年组				
112 SNP(C/T)	rs429358		0.060	0.849
158 SNP(T/C)	rs7412		0.516	0.757

（四）不同基因型携带者 E2/ LH/ FSH 水平

老年组中随机选择的部分受试者血液中激素水平通过放射性免疫的方法测得。我们没有发现不同 *ApoE* 不同基因型携带者的激素水平存在差异 E2(p = 0.515)，FSH(p = 0.436)，LH (p = 0.296) (图 3-2)。

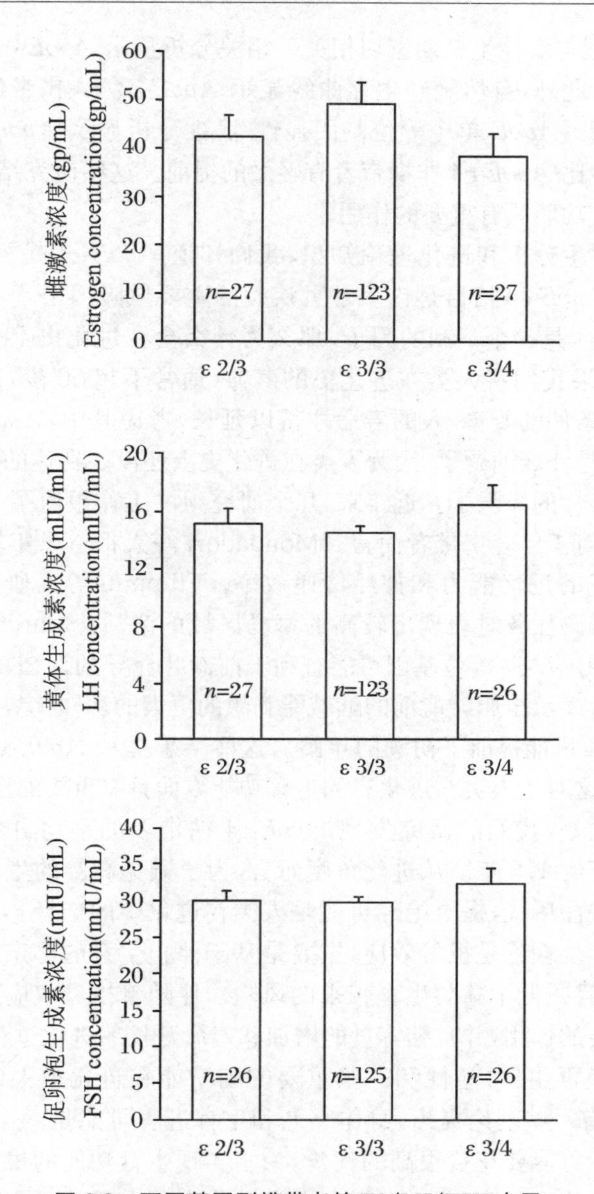

图 3-2　不同基因型携带者的 E2/LH/FSH 水平

注：不同 *ApoE* 基因型的 E2/LH/FSH 水平没有显著差异。数值以平均值 ± SEM 表示。E2(p = 0.594)，LH(p = 0.378)，FSH(p = 0.436)，单向方差分析。

三、讨论

本研究中，我们分析了 *ApoE* 基因型与中国女性自然初潮和绝经年龄的相关性。许多研究已经证实，女性生育寿命受到多种遗传因素的影响。我们的研究发现，*ApoE* 基因型与女性生育期密切相关。相关分析显示 *ApoE*4 基因延迟了女性自然绝经年龄。此外，自然绝经生存曲线显示 *ApoE*-ε3/ε4 携带组明显与其他基因携带者相区别。*ApoE* 单个等位基因显性/隐性分析显示 *ApoE*-ε4 携带者的平均自然初潮年龄比 *ApoE*-ε4 非携带者有轻微的提前。这些研究结果提示了 *ApoE* 可能对女性生育功能具有重要的作用。

根据系统发生分析和进化理论知识，我们知道 *ApoE*-ε4 是祖先基因。然而，大量研究证实 *ApoE*-ε4 恰恰是许多常见疾病的重要风险因子[78]。令我们惊讶的是，既然 *ApoE*-ε4 是一个不利的因子，那么为什么会在进化史上作为祖先基因出现呢？然而，如果我们将人类在进化史的寿命(通常不超 50 岁，直到现代随着生活、医疗状况等条件的改善，人的寿命才得以延长)考虑其中，*ApoE*-ε4 的这些“坏处”可能就不再是什么问题了，因为人类在进化史上还没能到达的这些疾病的年龄就已经到达了寿命的极限了。近年来，几个研究组的工作报道了 *ApoE*-ε4 的正面的功能，尤其是对于年轻携带者而言。Mondadori 等人报道了年轻的 *ApoE*-ε4 携带者表现出较好的记忆能力和神经传递效率。Filippini 等人研究发现 *ApoE*-ε4 携带者在进行编码任务时表现出较高的海马区域的激活。Marchant 等人的研究结果显示拥有 *ApoE*-ε4 等位基因可能有利于前额叶介导的认知功能，并且年轻的 *ApoE*-ε4 携带者显示出胆碱能前的烟碱能刺激的更大的认知优势。我们的研究结果显示 *ApoE*-ε4 可能提前了初潮的年龄。这些结果提示 *ApoE*-ε4 携带者可能更早进入性成熟，这对于人类在进化史的生育功能方面具有重要的意义。

出乎意料的是，我们的研究发现 *ApoE*-ε4 携带者的平均自然绝经年龄要比 *ApoE*-ε3 延迟了约 1.8 年。从进化角度而言，为了避免高龄的生育风险并且可以有更多的时间关注后代，提早绝经可能是人类在进化中的选择。对于人类绝经后的寿命禅师的传统理论是祖母效应：主要是基于停止生育的母亲或是祖母的悉心呵护的益处，并且减低了高龄生育带来的风险。伴随着祖母效应在人类进化史上起到愈来愈重要的作用，并且脑容量的增加和寿命延长的进化过程，*ApoE*-ε3 的出现成为人脑神经再生、可塑性和一些重要的脑功能在进化史上的一个更好的选择[72]。同时又有一些理论提出，身体衰老和生育进程可能是两个独立的过程，并且延长生育年限可能要花费很高的代价，为了实现生育功能的最大化并且减低维持高龄生育的代价和风险，*ApoE*-ε3 在人类进化史上出现并且表现出其优势而被选择。总之，人类 *ApoE* 从 ε4 进化到 ε3，不仅使人类的生育功能变得更加经济，而且使得祖母效应发挥的更加淋漓尽致。

白人妇女人群中的研究显示，*ApoE* 158 位点 SNP 和自然绝经年龄密切相关($p=0.03$)，并且 *ApoE* 112 位点 SNP 与自然初潮年龄相关($p=0.06$)。而其他研究中并没有发现 *ApoE* 基因型与自然绝经年龄存在相关性。然而，我们的研究结果显示 *ApoE*-ε4 与其他基因型携带者相比提前了初潮年龄并且延迟了自然绝经年龄。这些研究的不一致性可能是许多原因引起的。第一，影响这些研究最重要的因素就是人种的区别，已有研究证实人种因素在女性初潮年龄和绝经年龄起到重要作用；第二，环境因素、生活方式、饮食习惯等其他诸因素同样对女性初潮年龄和绝经年龄具有较大的影响；第三，这些研究中的实验对象数目、统计方法、问卷的细节设计都可能是影响到实验结果的因素。

本研究中的女性生殖特征是通过问卷形式调查得出，这种问卷形式调查主要建立在回忆的基础之上。大量研究已经证实这种关于自然初潮和绝经年龄的长期回忆依据不同的回忆间隔其准确率为70%～84%。为了增加本研究中问卷的准确性，老年受试者调查主要用于绝经年龄的研究，而年轻的参与者主要致力于对初潮年龄的相关分析。

综上，我们证实了 *ApoE* 基因型显著地影响了中国女性自然绝经年龄，并且轻微影响了初潮年龄。

第四章 ApoE 与男性不育

男性不育症是指夫妻之间有正常的性生活，同时未进行避孕，且时间超过1年，由于男方因素使女方未能受孕[73]。研究显示，约15%的育龄夫妇存在不育问题，其中约有50%是由男性因素引起的，男性不育已经成为社会关注的重要问题[74]。对于男性不育，超过90%的病例是由于精子数量低、精子质量差或两者兼有。男性不育症的病因复杂，缺乏有效的治疗手段。研究导致男性不育的主要因素可为男性不育病因学研究和提高男性生育能力提供科学依据。

胆固醇是在男性和女性性腺中合成类固醇激素的必要底物。大约80%的激素腺体的前体胆固醇是由脂蛋白提供的。血清胆固醇与ApoE的关系表明，ApoE多态性可能对生殖效率的各个方面产生影响，特别是受精能力、青春期和更年期。

第一节 男性不育的发病假说

男性不育病因复杂，是由多种因素导致，其中包括遗传、发育、环境、职业因素和不良的生活习惯等。在男性不育的遗传因素中，染色体异常和Y染色体长臂上的无精子因子(azoospermia factor，AZF)的缺失是最常见的遗传学因素[75]。男性精液异常、无精子症、少弱畸精子症等情况，均会导致男性不育，或导致其配偶习惯性流产及胚胎停止发育等情况。精子发生这一生理过程受到了众多基因参与的复杂分子调控，其中任何一个基因发生突变或缺失，不能发挥其特定的功能，都有可能导致精子生成障碍，引起无精子症、少精子症、弱精子症和畸形精子症[76]。据统计，约2%男性存在精子生成障碍，为无精子症或严重少弱畸精子症。近年来，基因多态性对男性不育症的影响引起了研究者的广泛关注。研究发现，*PRM*1基因rs35576928位点多态性是中国严重少弱畸精子症的可能致病因素，*SOHLH*2基因rs6563386是中国汉族人群非梗阻性无精子症(NOA)的易感位点，而*HORMAD*2基因rs718772位点、SOHLH2位点rs1328641等位点多态性可能与非梗阻性无精症患者的睾丸发育有关。研究表明，男性不育与*ESR*1 *PvuII*基因和*ESR*2 *RsaI*基因多态性有关，但不同种族之间存在着差异。

男性生殖细胞的发育是一个复杂的过程，在这个过程中，线粒体经历了连续的变化，以适应不同细胞类型的不同能量需求。越来越多的证据揭示了线粒体在精子发生中的重要作用，线粒体动力学失衡和功能的损伤破坏了精子发生，从而导致男性不育[77]。

据报道，环境因素包括重金属污染、塑化剂、汽车尾气等均会对男性生殖系统及睾丸组织产生毒害作用，影响男性的内分泌功能和生精功能，进而使得精子质量明显下降，最终导致男性生育力下降。

研究发现，如果阴囊长时间处于高于体温的环境中时（如从事厨师、司机、电焊等职业的男性），就会影响精液质量，最终导致生精功能下降而引起男性不育。另外，睾丸对辐射也较为敏感，从事放射工作的男性可能会导致生精功能和精子活动力降低。

第二节　ApoE与男性不育的研究进展

雄激素受体与许多调节其功能和活性的共调节蛋白相互作用。睾丸合成需要ApoE。ApoE在决定肾上腺类固醇生成方面起着关键作用，可能通过调节胆固醇侧链裂解活动发挥作用。

虽然研究者已经报道了*ApoE*多态性对血浆中脂质和脂蛋白水平的影响，但*ApoE*等位基因对精子脂质组成的作用仍然未知，它们在可育和不育男性中的分布仍有待确定。在一项研究中，有学者纳入了107个不育患者，其中包括76个弱精子症患者和31个畸形精子症患者，他们检测了*ApoE*基因型在可生育男性和不育男性中的分布，并评估了携带不同*ApoE*等位基因患者的精液参数。此外，通过分离不育男性精浆中的胆固醇、磷脂和三酰基甘油水平与*ApoE*基因型进行了比较。有学者采用PCR-RFLP方法对108例可生育男性和107例不育男性的外周血白细胞DNA进行*ApoE*基因型检测。研究发现，与不育男性相比，*ApoE*基因型的分布有显著性差异（$\chi^2=9.1, p=0.011$）。基因型ε3/ε4的存在是男性不育的3.82个危险因素（$p=0.006$）。研究结果还显示，*ApoE*基因型和等位基因在可育个体和不育个体之间的分布存在差异，可能是男性不育的危险因素。*ApoE*基因型的影响可能与表达的*ApoE*亚型在附睾转运过程中促进精子成熟的功效差异有关。这与其他的研究一致，研究发现，携带等位基因ε4的男性不育的危险因素为3.56，他们报告携带该等位基因的父亲与其他*ApoE*等位基因相比的孩子出生率较低。ε3/ε4基因型与降低的ApoE蛋白水平相关，暗示了ApoE水平的降低可能与男性不育风险的增加有关。此研究的一个局限性是纳入的可生育症受试者数量较少。另外，没有观察到其他的*ApoE*基因型，如ε2/ε2或ε4/ε4。这表明，需要对可生育和不育男性进行更多的研究来阐明ApoE在男性生殖中的作用。

据报道，ApoE受体在附睾中高表达，并在精子发育中起着重要作用。据推测，它与ApoE结合，使蛋白质能够进入精子膜，以修饰精子质膜。一些*ApoE*基因型（如ε3/ε4）与ApoE蛋白水平的降低有关，而每一种*ApoE*亚型对脂质代谢都有明显的影响。因此，*ApoE*基因型的影响可能与表达的*ApoE*亚型在附睾转运过程中促进精子成熟的功效差异有关。

丹麦的一项研究将*ApoE*多态性与儿童数量方面的生殖效率联系起来。作者调查了379名年龄为40岁的已婚男性，根据孩子的数量（0、1、2、3）进行分类。ε3和ε2携带者的生育率更高，分别为1.93人和1.66人，而ε4携带者为1.50人。虽然ε4是祖先的等位基因，但纯合子ε3/ε3由于与更高的生育力相关而被积极选择，因此部分解释了其在一般人群中较高的频率。然而，如果这是唯一的原因，ε4和ε2可能会灭绝，因此除了生殖效率之外的其他因素也必须发挥一定作用。作者认为，*ApoE*基因型对生育能力的影响可能还取决于环境因素。由于*ApoE*多态性对脂质代谢的影响受到环境因素的影响，其对生育能力的影响可能会随着种族来源和生活方式的变化而改变。对这些结果的解释可以在基因-环境相互作用中找到。需要强调的是，文献中报道的少数研究都将儿童的数量作为生育能力的一个指标，尽管这可能不是特异性的。生育能力实际上是一种复杂的属性，受到许多因素的影响，这些因素应该在夫妻内部进行评估，而不是与个人有关。

ApoE似乎是一种对生育能力和寿命具有拮抗作用的多效性基因。研究发现，*ApoE*2被认为对老年患者是有益的，因为它可以预防高胆固醇血症和动脉粥样硬化。相比之下，*ApoE*4与较低的生育能力和较短的寿命相关，与其参与心血管疾病和AD相一致。

人类*ApoE*多态性与精液质量之间是否具有相关性，或者说*ApoE*基因型是否对精子发生有明显的影响也引起了研究者的兴趣。在一项研究中，作者纳入了235名具有严重精液异常参数（少弱畸精子症或无精子症）的不育症患者和203名健康正常精子男性的对照组。研究表明，*ApoE*多态性与精液质量无关，因为它在正常和受损或缺失的精子发生中存在相似的程度。这些结果特别重要，因为患有无精子症的男性射精中没有精子，是完全不育，无法通过任何自然方式繁殖。如果*ApoE*与男性生育能力相关，则无精子症和正常精子受试者的比较应显示其基因型分布存在显著差异。事实上，作者没有发现这样的差异。因此，可以推断，*ApoE*基因型对精子发生没有影响。

第五章　*ApoE* 基因多态性与老年性痴呆

第一节　老年性痴呆的发病假说

老年性痴呆，也叫阿尔茨海默病（AD）是一种慢性、进行性的神经系统变性疾病，在临床上主要表现为渐进性的认知功能和行为障碍，从早期出现的近记忆力丧失和处理日常事务的困难到严重的智力衰退和语言障碍直至最后的痴呆和死亡[78]。随着人口老龄化的发展，AD的发病率日益增加。在美国和欧洲，AD已成为继心血管疾病、肿瘤、中风之后第四位死亡原因。全球每3秒钟就将有1例AD患者产生。2018年全球约有5千万人患有AD，到2050年，这一数字将增至1.52亿。据估计，2018年全球社会AD相关成本为1万亿美元，到2030年，这一数字将增至2万亿美元。AD可延续20年，对家庭及社会都是沉重的负担和痛苦。这不仅成为影响人口健康的重大问题，同时也是影响社会可持续发展的重要因素。由于上述显而易见的原因，目前国际上对AD的研究日益重视。有关AD发病机制的研究不仅具有重大的社会意义也具有极大的科学意义，已成为神经科学和临床医学的前沿课题。

目前，AD的病因和发病机制尚不十分明确。在探讨AD的病因及发病机制过程中，出现过很多发病假说，其中主要有Aβ假说、Tau蛋白异常磷酸化假说、遗传学假说、氧化应激假说、钙稳态失调假说和胆碱能假说等[79]。另外，铝中毒、炎症、病毒感染等可能也参与了AD的发病。AD关键的神经病理特征之一是存在老年斑（SP），而Aβ在细胞外聚集后的沉积构成了老年斑的核心[80]。Aβ产生和清除的失衡是Aβ假说的核心事件，继而引起神经元的退化、死亡，最后导致痴呆。在遗传学假说中，*ApoE* 基因型（*ApoE*2、*ApoE*3、*ApoE*4）和AD之间有着密切的联系，并且在发病过程中具有基因-剂量效应。用敲除 *ApoE* 基因的转基因小鼠研究也表明，*ApoE* 决定着AD发作的年龄风险，*ApoE*4 明显地使疾病发作年龄提前[81]。研究表明，氧化损伤是AD病理发生的早期事件，在AD患者的脑中是一个很重要的特征。总之，AD的发病机制十分复杂，虽有多种假说，但尚无一个假说能够比较完整地解释AD的发病机制，可能是遗传与环境因素相互作用的结果[82]。

第二节　*ApoE* 与老年性痴呆的相关性

人类 *ApoE* 基因中包含了多个多态性位点(SNPs)。而其中两个能影响到 ApoE 表达的 SNP 位点将人的 ApoE 区分成三个不同亚型:*ApoE*2(Cys112,Cys158)、*ApoE*3(Cys112,Arg158)和 *ApoE*4(Arg112,Arg158)[83,84]。尽管三种不同 *ApoE* 亚型只在 112 和 158 位氨基酸残基有所区别,但是这一点点的差异引起了 ApoE 蛋白在结构和功能上的显著差异。就在 ApoE 被发现出现在老年斑中不久,*ApoE*-ε4 就被证实为 AD 的强风险因子。在此之后,大量的研究证实 *ApoE*-ε4 携带者要比非携带者患 AD 和淀粉样脑血管病的概率更高[85]。并且,*ApoE*-ε4 的风险因素具有基因剂量效应,与非 *ApoE*-ε4 携带者相比,*ApoE*-ε4 携带者患 AD 的风险要增加 2～3 倍[86]。同时 *ApoE* 也被发现与 AD 的早发密切相关。然而,也有一些研究报道了 ApoE 与 AD 之间并没有明显的联系。这就提示我们这些研究结果还可能受其他的基因风险和环境因素的影响。最后,重要的是研究发现 *ApoE*-ε2 对 AD 具有保护作用[87]。

第三节　*ApoE* 与 Aβ

在流行病学研究方面,尽管不同 *ApoE* 基因型对 AD 的病变可能存在很多的影响,其中令人信服的证据是 ApoE 与 Aβ 的直接相互作用可能是 ApoE 参与 AD 的病变[88]。基于关于 ApoE 与 Aβ 比较强的相互作用的研究证据,有假说设想 ApoE 可能通过与 Aβ 相互作用改变了 Aβ 中 β 折叠的构象。尽管关于 ApoE 与老年斑的组织病理学研究发现 ApoE4 与老年斑的密度具有相关的剂量效应,然而另一些研究并没能发现相关性。尽管如此,研究已经证实 ApoE 对于老年斑的沉积具有强烈的基因剂量效应。重要的是,如果 ApoE 所有的效应在于促进了 Aβ 的沉积从而形成老年斑,我们就会期待发现在面临 AD 风险的正常中晚年样本中 ApoE4 更强烈的致病效应。事实上,研究者从大量的认知正常的中年人的脑脊液中发现 ApoE4 对 Aβ 具有剂量减少的效应。在发现老年斑沉积伴随脑脊液中 Aβ42 较低的水平,这就提示 *ApoE*4 携带者可能更早出现淀粉样沉淀。通过老年斑追踪剂成像技术给出了更直接的证据,发现正常认知的受试者中 ApoE4 对脑中的 Aβ 沉积具有剂量效应[89]。

在探讨了人体 ApoE 与 Aβ 相关研究中,许多研究致力于体外 ApoE4 对 Aβ

聚集的影响。研究证实非脂质结合的 ApoE 可以与 Aβ 形成稳定 SDS 的复合体并且 ApoE4 要比 ApoE3 更加快速地与 Aβ 结合。然而,之后的研究却发现 ApoE3 与脂质结合后要比 ApoE4 更容易形成 SDS 复合体。大多数的研究证实 ApoE 与 Aβ 形成复合体的效率为 ApoE2＞ApoE3＞ApoE4。由于 ApoE 与 Aβ 结合的效率与 AD 不可逆相关,就有假设提出 ApoE2 和 ApoE3 可能加强了 Aβ 的清除机制[90]。Aβ12-28 位残基包含了与 ApoE 的结合位点,并且这段序列可以用来抑制 ApoE 和 Aβ 的结合。

尽管体外研究可以给我们提供许多信息,然而体内的微环境对 ApoE 与 Aβ 的相互作用和体外的环境完全不同。早期 PDAPP 和 Tg2576APP 转基因鼠的研究证实缺失 ApoE 降低了 Aβ 的沉积,并伴随着经典斑和神经退行性病变的减少。这些研究为证实 ApoE 在 Aβ 聚集中的作用提供了可靠的证据。除了 *ApoE* 缺失小鼠模型,数个关于 *ApoE* 的转基因小鼠模型被用来进行 AD 研究。有趣的是,人类不同亚型 *ApoE* 对海马的 Aβ 沉积具有不同的作用,ApoE4 小鼠会出现更多的老年斑。

尽管 *ApoE* 转基因小鼠是研究 AD 的重要模型,在小鼠源的调控元件下表达不同亚型 *ApoE* 则更能模拟正常的生理状况。当 ApoE 小鼠与 Tg2576 小鼠杂交研究显示,尽管 ApoE3 和 ApoE4 都延迟了 Aβ 沉积的时间,但是 ApoE4 小鼠出现了更多的 Aβ 沉积。最近关于 PDAPP 小鼠研究显示,对于 Aβ 聚集能力为 E4＞E3＞E2。显而易见,研究 ApoE 与 Aβ 沉积的相互关系的内在机制对于揭示 AD 的发病机制具有重要的作用。然而用体内模型研究 Aβ 沉积中的数个重要的问题仍需继续研究探索。

研究显示,ApoE 不仅影响了 Aβ 的运输,而且对 Aβ 的代谢也具有重要的影响(图 5-1,彩图 3)。在细胞培养水平方面,大量的研究对 ApoE 在 APP 的处理和 Aβ 产生过程进行了探索。一些研究显示非结合脂质的 ApoE4 通过增强 LRP1 和 ApoER2 介导的 APP 内吞功能增加了 Aβ 的产生[91]。然而,其他的研究却没有发现相似的结果。另外,目前也没有令人信服的证据显示体内不同 ApoE 对 Aβ 的产生具有不同的功能。然而,可信的证据显示 ApoE 可能通过多种机制对 Aβ 的清除发挥重要的作用。ApoE 脂质颗粒可能通过促进受体介导的细胞对 Aβ 的内吞作用。此外,ApoE 也可能促进了 Aβ 从脑中通过血脑屏障进入到体内循环的过程。另两个体外研究同样证实了 ApoE 促进了胞内 Aβ 的降解。然而,将来更应该着眼于体内研究,ApoE 是否在体内同样具有促进细胞摄取 Aβ 的能力,这种功能是否具有不同 ApoE 亚型效应及其内在机制还需要进一步研究探讨。

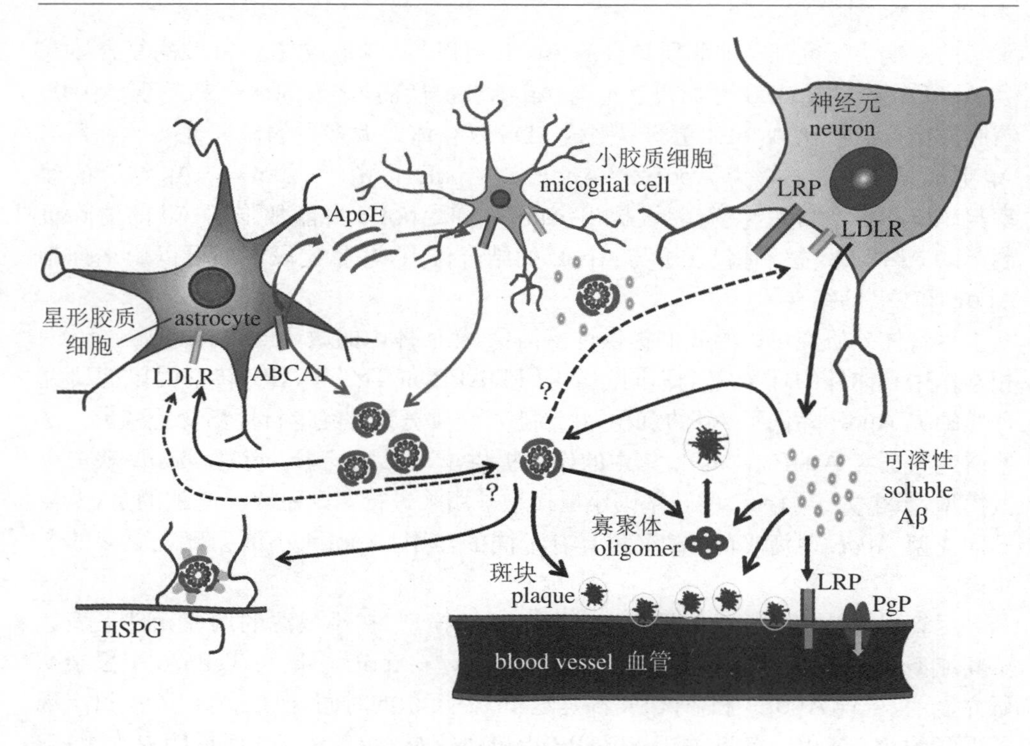

图 5-1 ApoE 对 Aβ 的代谢和清除的影响

ApoE4 是 AD 发病的高危险因子，老年斑和神经纤维缠结中都有 ApoE4 的存在[92]。据报道，Aβ 的沉积和 ApoE 有关，ApoE4 可以增加 Aβ 沉积的水平，那些携带 ApoE-ε4/ε4 的散发性老年性痴呆（AD）患者的血管和老年斑中 Aβ 的沉积要比携带 ApoE-ε3/ε3 的明显增多，而 ApoE-ε4/ε3 居中间位置。除此之外，在转基因鼠模型中，ApoE4 可以加速 Aβ 的沉积。近年来的研究表明，可溶性的 Aβ 寡聚体是导致神经元损伤、突触丢失和最终痴呆的直接原因。研究发现，ApoE 和可溶性的 Aβ 寡聚体结合出现在脑、血浆和脑脊液中。在体外实验条件下，ApoE 可以和 Aβ 形成稳定的复合物，改变不同 Aβ 肽的聚合形式，调节 Aβ 引起的神经炎症，加速 Aβ 的清除。并且，通过检测体外培养的原代神经元的神经毒性和体外培养的海马脑片中 LTP 的减弱可以得知，Aβ42 和 ApoE4 的相互作用可以降低神经元的存活。ApoE 的这些重要的功能部分是由 ApoE 受体介导的。

第四节 *ApoE* 与 Tau

Tau 蛋白可以结合到细胞微管蛋白上并且稳定细胞骨架。然而，磷酸化使得

Tau 蛋白形成配对的螺旋丝而导致稳定微管功能丧失[93]。过度磷酸化的 Tau 是神经纤维缠结的主要组成成分并且对细胞具有毒性作用。研究表明，降低 Tau 蛋白可以减轻 Aβ 相关的认知功能障碍，这就提示 Aβ 相关的神经紊乱可能需要 Tau 蛋白的参与[94]。然而，Tau 蛋白过度磷酸化是 AD 的首要病因还是仅仅为 AD 病变过程中的一个病理特征至今还不清楚[95]。研究发现 *ApoE*4 转基因鼠神经元内具有较高水平的磷酸化 Tau 蛋白，而在胶质细胞没有类似的发现。然而，这些研究的生理病理学的重要性还不清楚，由于仅在外伤刺激的条件下神经细胞才会表达 ApoE，这就意味着在神经元中 ApoE 对 Tau 蛋白磷酸化的影响只会发生在应激和细胞损伤等特定的条件下[96]。另有研究显示 ApoE3 与未磷酸化的 Tau 蛋白的结合力要大于 ApoE4，而 ApoE 能与 Tau 蛋白结合的片段序列还有待进一步鉴定[97]。有学者认为，ApoE 蛋白水解产生的游离在细胞质中的 C 末端片段与 Tau 蛋白结合。事实上，ApoE 降解片段可能增加了细胞毒性。

越来越多的实验结果表明，ApoE4 可以降低神经元的存活率。在神经元的生长中，ApoE4 与微管蛋白的解聚有关，抑制神经元细胞生长，而 ApoE3 则能阻止 Tau 蛋白的去磷酸化，因而维持 Tau 的稳定性，与细胞微管相结合，稳定细胞骨架，促进神经元细胞的生长[98]。但是，ApoE4 导致的细胞毒性并不是对所有的细胞类型都产生很大的影响，相对于神经元细胞来说，胶质细胞对这种细胞毒性就有一定的抵抗力。ApoE4 确实能够抑制神经突起的生长，并且这种抑制效应要超过 ApoE3 对神经突起生长的促进作用。运用 *ApoE* 转基因鼠模型发现，*ApoE*4 对行为学方面有很明显的抑制效应，包括记忆方面的缺陷。除此之外，*ApoE*4 转基因鼠比 *ApoE* 基因缺陷鼠表现出更明显的记忆损伤，这就更证明了 ApoE4 的负面效应。近年来的体外实验结果表明，ApoE2 和 ApoE3，而不是 ApoE4，可以保护神经元免受非纤维状的 Aβ 导致的细胞死亡，但是，它们对纤维状的 Aβ 导致的细胞毒性没有什么效应。与正常表达 ApoE4 的胶质细胞和神经元共培养的神经元相比，用 ApoE4 处理过的神经元细胞中 Aβ42 寡聚体导致的神经毒性要明显增加。

ApoE 受体是 ApoE 代谢所必需的一部分，它可能在 AD 的病理过程中发挥着调节作用。ApoE 受体还对胆固醇的体内平衡起着重要的作用，它或许还会影响由 APP 到 Aβ 的转化。一系列的研究结果表明，ApoE 受体通过某些机制直接参与 AD 的病理生理过程。

自从发现 ApoE 可以和 Aβ 结合，ApoE 受体就已经被认为在清除 Aβ 的机制中发挥重要作用。研究表明，ApoE 受体可以帮助转运 Aβ，使 Aβ 跨越形成血脑屏障的内皮细胞。研究发现，ApoE 虽然和大部分 AD 患者脑中的 Aβ 共存，但是，并不是在 AD 患者脑中所有 Aβ 沉积的地方都有 ApoE 的存在。LRP 在激活的星形胶质细胞上表达，与 Aβ 的沉积密切相关[99]。在缺失 RAP 基因的 APP 转基因鼠模型中发现 Aβ 的沉积明显增多，这就支持了通过 ApoE 受体对 Aβ 清除的重要性。因此，ApoE 和 ApoE 受体在中枢神经系统中的相互作用不仅影响 ApoE 的代谢,对Aβ的代谢也有一定的影响。研究发现,在一定的实验条件下,将ApoE4或ApoE3加入到Aβ中,可以出现两种结果:抑制Aβ聚积和促进Aβ更快的形成β-折叠结构和淀粉样纤维。到底出现哪一种结果,取决于实验中Aβ的浓度。当Aβ的浓度为150 μmol/L时,ApoE4或ApoE3的存在能够抑制Aβ聚积;而当Aβ的浓度为250 μmol/L时,ApoE4或ApoE3的存在能够促使Aβ更快的形成β-折叠结构和淀粉样纤维。有趣的是,在一定的实验条件下,抑制作用或促进作用与*ApoE*基因型有关。当Aβ的浓度为150 μmol/L时,ApoE3抑制Aβ聚积的作用比ApoE4强;而当Aβ的浓度为250 μmol/L时,ApoE4比ApoE3有更强的促使Aβ形成β-折叠结构和淀粉样纤维的作用。当将松果体素分别加入到Aβ、ApoE4和Aβ、ApoE3和Aβ中时,可以很明显地发现松果体素能够强烈地抑制β-折叠和淀粉样纤维的形成[100,101]。与单独的松果体素相比,ApoE4或ApoE3存在的情况下,这种抑制作用更加明显[102]。

第五节　*ApoE*与突触可塑性

体外实验表明,不管是在外周还是中枢神经系统,神经损伤都可以诱导ApoE的大量表达。因此有假说认为神经系统大量表达ApoE是损伤修复所必需的:细胞膜修复和神经突触可塑性需要ApoE运输脂质和胆固醇[103]。事实上,已有许多研究在体外实验水平对ApoE在维持神经可塑性和功能方面进行了探索。研究表明,不同ApoE亚型对神经突起的生长起到不同的作用,与ApoE3相比,ApoE4抑制了神经突起的数目和长度。ApoE促进神经生长的作用最可能的机制就是通过ApoE受体介导。而不同的亚型对神经突起生长的作用很可能是通过ApoE与微管相互作用实现的。

体内研究发现,在ApoE亚型和神经变性疾病的进程、结果和发病的平均年龄的相关分析研究出现后,体内大量研究都集中在ApoE3和ApoE4对于突触可塑性和突触发生的不同作用方面[104]。虽然这两个亚型都可以恢复ApoE敲除鼠中突触前的缺陷和认知的损伤,大量证据表明ApoE4在促进神经修复和维持适当的脑功能方面不如ApoE3。研究表明,ApoE3而不是ApoE4在ApoE敲除鼠中抗神经损伤和年龄相关的神经退行性变性。与*ApoE*3小鼠相比,*ApoE*4转基因鼠早在神经病变出现之前就表现出突触损伤和降低兴奋性的突触传递[105]。此外,*ApoE*4型鼠出现了LTP损伤,神经元的突触数目和树突棘减等问题。显著性相关分析显示,ApoE在创伤性的脑损伤中起的重要作用是通过转运胆固醇和脂质代谢物发挥的。不同亚型对于脑损伤的作用研究表明,ApoE4表现出较低的效率。此外,含有ApoE4的鼠没有有效地从创伤性脑损伤中恢复过来,而且更易于患脑局部缺血。与生理状态不同，脑损伤显著的诱导神经元产生 ApoE 增加及星形胶质细胞和小胶质细胞的增生。同时，体外研究表明 ApoE4 对培养的星形胶质细胞和神经元有毒害作用，最近进行的体内兴奋性毒性损伤实验证明，神经元表达的 ApoE4 比星形胶质细胞产生的 ApoE4 或神经元、星形胶质细胞产生的 ApoE3 更易于引起细胞毒性。这个发现不仅支持损伤后星形胶质细胞起显著性的支持作用，而且进一步表明脑外伤后由于神经元特异性的上调 ApoE4 增加了细胞的负担。

尽管 ApoE4 表现出显著的损伤相关的病理生理效应，大部分研究证实 *ApoE*3 和 *ApoE*4 的转基因鼠要比 *ApoE* 缺失鼠在认知测试中都有好的表现。在树突棘形态学方面，*ApoE*4 小鼠与 *ApoE* 缺陷鼠的表型相似，表明 ApoE4 维持树突棘的功能的丧失。然而，这种效应是与年龄有关的，因为在树突棘形成的过程中，ApoE4 依赖性的降低只是在 1～2 年小鼠中才观察到。这个发现表明 ApoE 特定亚型的作用可能与 *ApoE*4 携带者患老年痴呆的风险增加有关。在老年人群中，*ApoE*4 基因拷贝数与树突棘的密度呈负相关。虽然大量的研究表明 ApoE 在神经系统的维持中是一个显著性的风险因子，但是更多的关于机制方面的研究工作亟待解决[106]。事实上，*ApoE* 缺陷小鼠在正常的神经元修复和发育中不总是表现缺陷型，只是在衰老或损伤中才显示神经退行性的表现型。另外，研究表明在 *ApoE* 缺陷小鼠脑实质中注射染料后出现大量的浸润，表明血脑屏障的渗漏。这种缺陷选择性的出现在脑微血管中，并且在老年鼠中是加剧的，表明与衰老效应（如氧化应激）无关。这与在患有 AD 和淀粉样血管疾病的患者死后的脑中的发现相似，都表现为血脑屏障的完整性被破坏，且出现相似的裂口。

第六章　*ApoE* 参与老年性痴呆发病的分子机制

第一节　*ApoE* 与焦虑样行为

AD 患者常常伴随着如焦虑、抑郁等神经精神障碍症状。其中，焦虑样症状被证实出现在很大一部分 AD 患者中，并且在早发型 AD 患者中更加普遍。然而，焦虑症状在 AD 的治疗和研究中并没有得到足够的重视，并且能给我们提供相关资料的已知文献和研究较少。因此，对焦虑症状的研究有助于我们更好地理解 AD。

非认知性的行为改变可能是影响 AD 治疗的重要因素，也是 AD 患者存活和生活质量的重要指标，也同样影响到 AD 患者的看护。然而，相比认知损伤，这些变化则很少被注意到。大多数药物治疗方案主要针对行为的变化，其中包括苯二氮卓类药物的使用引发了精神和运动功能的损伤。在 AD 病例中，焦虑和精神状态与简易智能量表（MMSE）得分呈负相关，即 MMSE 得分越低则痴呆越严重。在 50%～75% AD 病例中，会出现焦虑症状。一个调查某社区居住的 153 名 AD 患者的焦虑和夜间行为障碍之间的相关性研究结果显示，焦虑症状和患者觉醒与患者更高水平的焦虑和损伤有关，有 56%的患者日常生活不能自理。患者焦虑症状是其惊醒的危险因素。焦虑症状随着病情的发展而更常见，它与日常生活不能自理有关。在超过一半的患者中，患者家属要求针对这些症状进行干预治疗，往往忽略治疗会对患者认知和运动功能的影响。因而，需要更好地理解焦虑严重的潜在机制和发展更好的治疗方法。

抑郁和焦虑的发病是遗传因素和环境因素共同作用的结果，但其中具体的机制尚不清楚[107]。目前为止，此类疾病发病机制的重要假说之一是应激假说。和应激反应密切相关的机体调节系统为下丘脑-垂体-肾上腺（hypothalamic-pituitary-adrenal，HPA）轴[108]。在外界刺激的作用下，下丘脑开始分泌促肾上腺皮质激素释放激素（coticotropin releasing hormone，CRH），它通过神经纤维传递，经过正中隆起释放到垂体，刺激垂体分泌促肾上腺皮质激素（ACTH），而 ACTH 进入血浆之后，通过内分泌循环刺激肾上腺皮质分泌糖皮质激素，糖皮质激素继而在进入内分泌循环时发挥生物学功能。其中，CRH 主要由下丘脑室旁核合成分泌，它是

HPA 轴的驱动力；糖皮质激素（glucocorticoid）由肾上腺合成分泌，它是 HPA 轴的效应分子。下丘脑-垂体-肾上腺（HPA）轴与情绪、认知、记忆和许多的其他的重要脑功能密切相关。绝大部分抑郁症患者下丘脑中 CRH 水平和内分泌系统中的糖皮质激素水平都有所升高，即 HPA 轴表现出过度激活。研究这两个关键分子在抑郁症发病中的作用将有助于更好地了解抑郁症发病机制。动物研究结果显示，ApoE 可能通过影响 HPA 轴的功能活性来参与对焦虑样行为的调节。ApoE 缺失（ApoE-/-）小鼠表现出年龄相关的 HPA 轴的调节障碍。*ApoE*4 转基因小鼠在 6～8 月龄时出现焦虑样行为，并且在地塞米松抑制实验中表现出障碍（地塞米松抑制实验为评估 HPA 活性实验）。促肾上腺皮质激素释放激素是一个包含 41 个氨基酸残基的短肽，它在 HPA 轴的功能调节和应激反应中起到关键的调控作用，被认为是 HPA 轴的动力源。然而，到目前为止还没有研究报道 ApoE 是否通过调节 CRH 的表达从而影响了 HPA 轴的生物学功能，进而影响到焦虑样行为。

在 HPA 轴上，有两种经典的受体参与了皮质类固醇的反馈：糖皮质激素受体（GR）和盐皮质激素受体（MR）。GR 在整个大脑中表达；然而，MR 主要在海马体中表达。MR 也在下丘脑中表达，并在调节应激事件的反应中发挥了重要作用。MR 对糖皮质类固醇的亲和力比 GR 的高 10 倍。它们经常一起或单独作用来影响认知和情感，而 MRs 和 GRs 之间的平衡控制着 HPA 轴和行为。GRs 参与的直接证据是，前脑中 GRs 的缺失减少了焦虑样行为，而前脑中选择性的 GRs 过表达增加了焦虑。此外，AD 患者额叶皮质中 MR 表达的增加与 *ApoE*4 基因型相关[109]。据报道，前脑中 MRs 的缺失导致了雌性和雄性小鼠之间的情绪和认知行为的巨大差异。然而，在 GFAP-*ApoE*4 转基因雄性小鼠中，焦虑样行为的增加是否与皮质酮水平有关尚未被阐明。

一、实验材料和方法

（一）实验动物

人类 *ApoE*3 和 *ApoE*4 转基因小鼠从 Jackson 实验室购买，在中国科学技术大学生命科学学院实验动物中心进行繁殖。这些转基因小鼠中的 *ApoE* 基因在 GFAP 启动子的控制下表达于星形胶质细胞中。小鼠饲养在聚碳酸酯鼠笼中，每笼 6 只。12 h 光照暗周期维持始于上午 7:00，室温（22 ± 1）℃，动物可以随意进食和饮水。所有实验均按照中国科学技术大学动物使用标准进行。

（二）行为学任务

所有的行为学实验都在一个与饲养环境相同的房间进行，并且白天进行。在每次测试之前，动物分别获得了20 min的适应期以熟悉行为间的环境。所有的实验通过一个摄像头记录。

1. 旷场实验

旷场实验用于检测动物的自发活动和焦虑行为，根据以前的报道，我们设了开放式旷场实验。旷场为一个木质（50 cm×50 cm），壁高25 cm的，上面开放的箱体。每次实验，小鼠以面对直角的方式被放在旷场的任一个角落里，并且被允许在旷场中自由活动5 min。

2. 明暗箱实验

明暗箱包含两个组成部分：一个明箱和一个暗箱，均为相同尺寸（25 cm×25 cm×25 cm）。明箱与暗箱之间通过一块不透明的底部有一个拱门的有机玻璃板隔开，以便小鼠通过。每次实验时，小鼠被轻柔地放在明箱之中并且头部朝向与拱门相反的方向。小鼠被允许在明暗箱中自由探索5 min。

3. 高架十字迷宫

高架十字迷宫由已有文献设计得到。根据这种设计，迷宫包括两个对向的开放臂（30 cm×6 cm），两个对向的闭合臂（30 cm×6 cm）和一个中央区域（6 cm×6 cm）。迷宫壁高15 cm，由开放臂和闭合臂组成一个十字的形状。实验时，迷宫被固定在距地面80 cm高的空旷位置。每只小鼠以头朝向一侧开放臂的方向被放在中央区域，并且被允许在迷宫中自由探索5 min。

（三）应激实验

急性束缚应激使用了直径2.5 cm，长7 cm的束缚器进行。小鼠被束缚了30 min后释放给予恢复时间。在4个时间点进行取材：A为正常非束缚组；B为束缚30 min组；C为束缚30 min+释放20 min组；D为束缚30 min+释放90 min组。为了避免节律周期的影响，所有的实验在9:00～12:00进行。

（四）皮质酮测量

为了检测皮质酮的分泌水平，取材时收集了小鼠的血浆。断头取材收集血液到一个含有肝素的离心管中，4 ℃，6000 r/min离心10 min收集血浆，并且储存在－80 ℃冰箱中直到测量。皮质酮测量使用了皮质酮ELISA试剂盒（RapidBio，USA）。

（五）细胞培养和质粒转染

表达 ApoE3 和 ApoE4 的质粒为 Decroon 博士馈赠。CRH 启动子质粒，包含 ERE CRH 启动子质粒，-316 突变 CRH 启动子质粒，-480 位突变 CRH 启动子质粒和 -316/-480 双突变质粒。小鼠源 N2a 细胞和人源 BE2C 细胞培养在 37 ℃，5% CO_2，5%胎牛血清，5%小牛血清的 DMEM/DF 培养基中。在细胞传代到 24 孔板 24 h 后，细胞密度达到 50%～60%时，开始进行转染。使用转染试剂为脂质体 2000(Invitrogen，USA)并按照说明进行转染。在细胞转染 6 h 后，进行换液。

（六）RNA 抽提，反转和实时定量 PCR

不管是组织还是培养的细胞，总 RNA 抽提使用了 TRIzol（Invitrogen，USA）试剂。纯化的总 RNA 通过分光光度计进行浓度和质量的鉴定（A260/A280 = 1.9-2.0）。总共 1 μg 的 mRNA 使用反转试剂进行反转（Takara，Japan），实时定量 PCR 使用了 SYBR 荧光试剂，在 ABI Prism 7000 和 stepone 系统中完成。PCR 条件为：95 ℃，5 min，(95 ℃，15 s，6CTC 1 min)共计 40 个循环。所有使用的引物见表 6-1。目的片段的相对定量使用了 $2^{-\Delta\Delta ct}$ 的方法。

表 6-1 用于实时 PCR 的基因特异性引物

基因	正向引物	反向引物
小鼠		
GADPH	5′-CATGGCCTTCCGTGTTCCTA3	5′-CCTGCTTCACCACCTTCTTGAT-3′
CRF	5′-AGGAGGCATCCTGAGAGAAGT-3′	5′-CATGTTAGGGGCGCTCTC-3′
GR	5′-TGCTATGCTTTGCTCCTGATCTG3	5′-TGTCAGTTGATAAAACCGCTGCC-3′
MR	5′-GTGGACAGTCCTTTCACTACCG-3′	5′-GTGGACAGTCCTTTCACTACCG-3′

二、统计分析

所有数据均表示为均值 ± 标准误。所有分析均在 SPSS 11.0 软件中处理得到。p 值小于 0.05 被认定为具有显著性。

三、结果

（一）*ApoE* 转基因小鼠的行为学特性

为了检测 *ApoE* 转基因小鼠的自主活动、探索和焦虑行为，我们首先选择了旷场实验。与 *ApoE*3 型小鼠相比，3 月龄的 *ApoE*4 转基因小鼠显示出较低水平的自主运动行为[图 6-1(c)，$p<0.001$]和低水平的探索活动[图 6-1(c)，$p<0.001$]。此外，在这一任务中，*ApoE*4 转基因小鼠表现出焦虑样行为，具体表现为 *ApoE*4 小鼠进入旷场中央区域的次数较少[图 6-1(b)，$p<0.05$]，在中央区域活动的路程较短[图 6-1(d)，$p<0.05$]和运动速度较慢[图 6-1(f)，$p<0.01$]。高架十字迷宫是衡量啮齿类动物焦虑行为的经典任务。

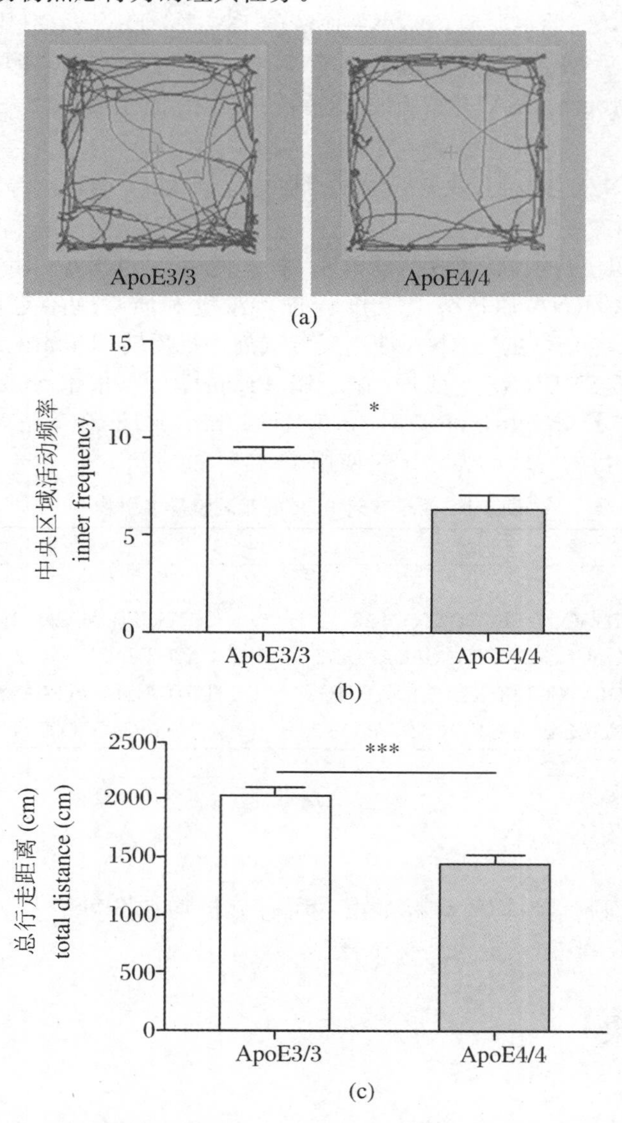

图 6-1　3 月龄的 *ApoE*3 和 *ApoE*4 转基因小鼠在开放场地测试中的运动活动和焦虑行为

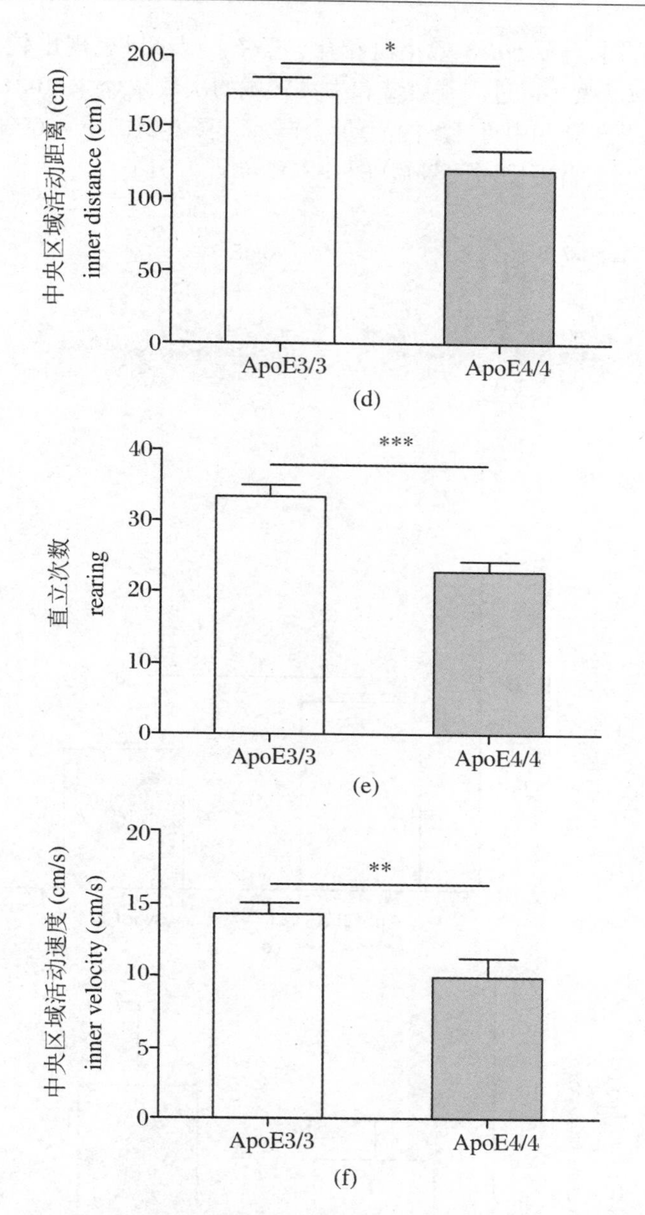

图 6-1　3 月龄的 *ApoE*3 和 *ApoE*4 转基因小鼠在开放场地测试中的运动活动和焦虑行为(续)

注:(a) *ApoE*3 和 *ApoE*4 转基因小鼠在 5 min 实验中的代表性活动描记器。总行走距离(c)和直立次数(e)代表运动性活动和探索行为。中央区域活动频率(b)、中央区域活动距离(d)和中央区域活动速度(f)代表焦虑行为。数值以平均值 ± SEM 表示,独立样本 t 检验,* $p<0.05$;** $p<0.01$ *** $p<0.001$;n(ApoE3/3) = 39 只小鼠,n(ApoE4/4) = 23 只小鼠。

我们同样采用高架十字迷宫任务对 *ApoE* 转基因鼠的焦虑水平进行了评估[110]。我们发现 *ApoE*4 型小鼠同样表现出较低水平的自主活动能力[图 6-2(b),

$p<0.001$]。同时，与 *ApoE*3 型小鼠相比，*ApoE*4 型小鼠表现出较高的焦虑样行为，具体为 *ApoE*4 型小鼠进入开放臂和中央区域的次数减少[图 6-2(d)，图 6-2(g)，$p<0.001$]，在开放臂和中央区域的活动距离较短[图 6-2(e)，$p<0.001$；图 6-2(h)，$p<0.01$]和在开放臂停留时间较短[图 6-2(f)，$p<0.01$]。

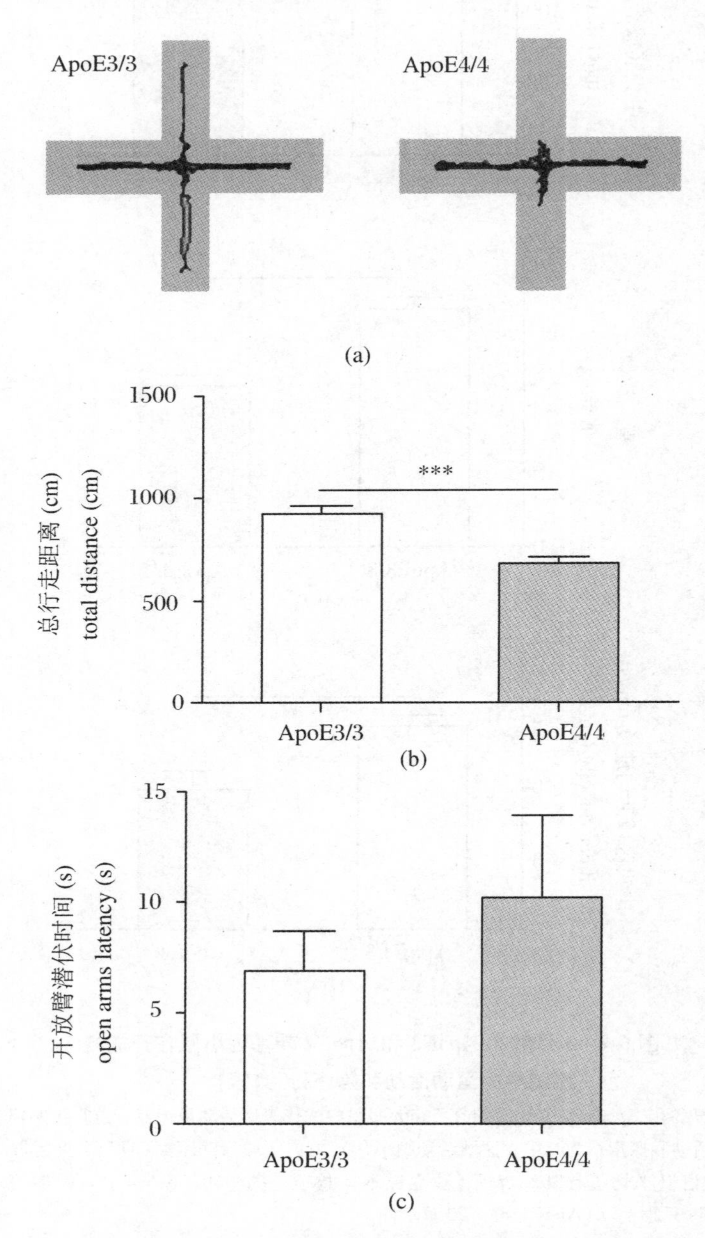

图 6-2　*ApoE*3 和 *ApoE*4 转基因小鼠在高架迷宫任务中的焦虑水平

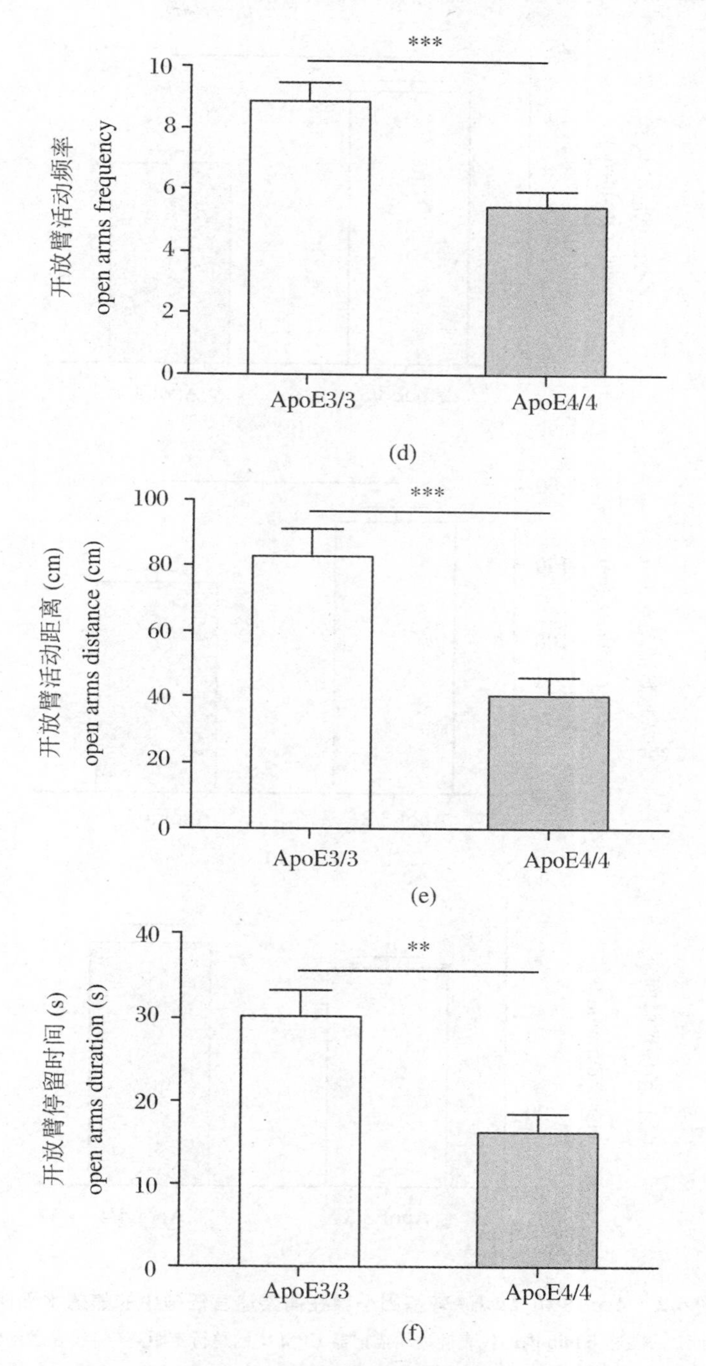

图 6-2　*ApoE*3 和 *ApoE*4 转基因小鼠在高架迷宫任务中的焦虑水平(续)

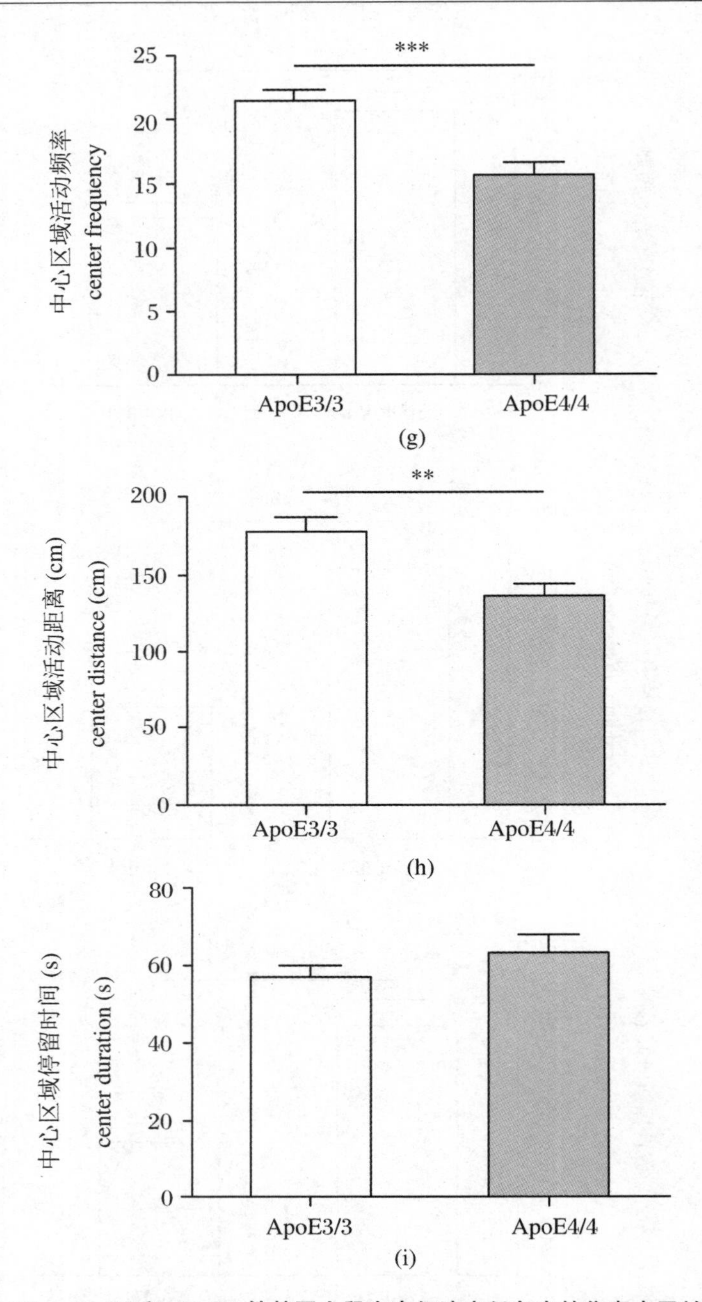

图 6-2　*ApoE*3 和 *ApoE*4 转基因小鼠在高架迷宫任务中的焦虑水平(续)

注：(a) ApoE 小鼠在 5 min 内的代表性活动描记器 EPM 中的总行走距离(b)代表运动性活动。开臂潜伏期(c)、开放臂活动频率(d)、开放臂活动距离(e)和开放臂停留时间(f)代表开臂的活动和焦虑行为。中心区域活动频率(g)、中心区域活动距离(h)和中心区域停留时间(i)代表中心区域的活动和焦虑行为。数值以平均值±SEM表示，* $p<0.05$；** $p<0.01$ *** $p<0.001$；n(ApoE3/3)=39 只小鼠，n(ApoE4/4)=23 只小鼠。

为了进一步证实 *ApoE* 转基因小鼠的焦虑程度，我们选择了另一种评估焦虑样行为的任务——明暗箱实验。尽管我们没有发现 ApoE 小鼠在暗箱中停留时间上的显著差异[图 6-3(a)]，但我们发现，ApoE4 的小鼠花费更少的时间进入暗箱[图 6-3(b)，$p<0.05$]。

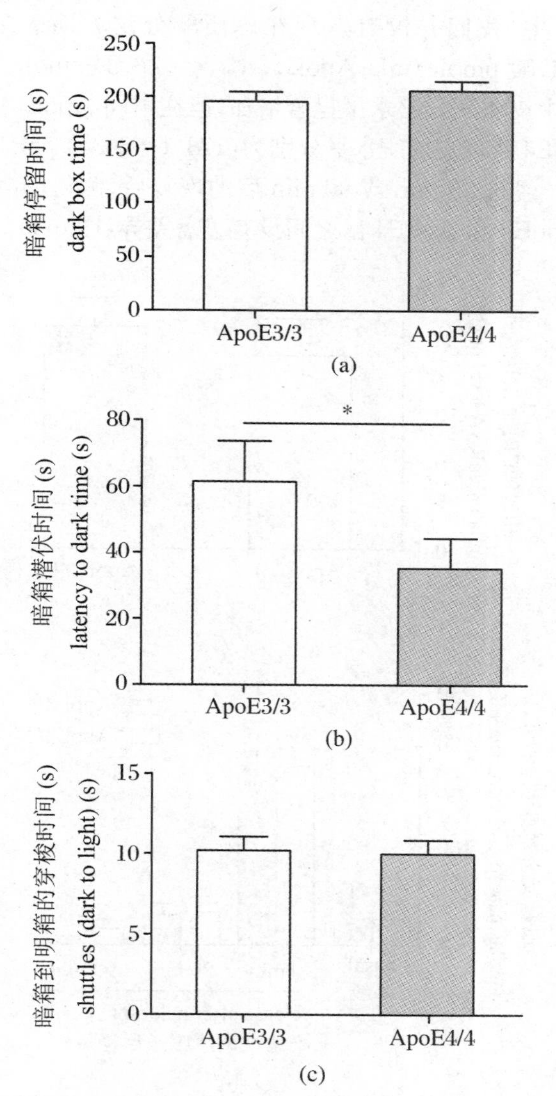

图 6-3　明暗箱实验显示 *ApoE3* 和 *ApoE4* 小鼠的固有偏好

注：在任务中分析了暗箱停留时间(a)、暗箱潜伏时间(b)和暗箱到亮箱的穿梭时间(c)。数值以平均值±SEM 表示。

（二）*ApoE* 转基因小鼠 HPA 轴活性

急性束缚应激实验是评估啮齿动物 HPA 轴功能的重要实验。在 3 月龄不同 *ApoE* 转基因小鼠中，我们并没有发现在皮质酮分泌方面表现出显著地差异：ApoE3，(26.7 ± 14.9) pmole/mL；ApoE4，(33.4 ± 28.3) pmole/mL。经过 30 min 后束缚应激，血浆中皮质酮分泌水平显著增加，但在不同 ApoE 小鼠之间无显著差异，ApoE3 和 ApoE4 小鼠皮质酮水平分别为(178.1 + 30.4) pmole/mL 和(174.3 + 35.6) pmole/mL。经过 20 min 或 90 min 后的恢复后，测得的皮质酮下调到正常水平。然而，在 ApoE3 和 ApoE4 鼠之间没有显著差异(图 6-4)。

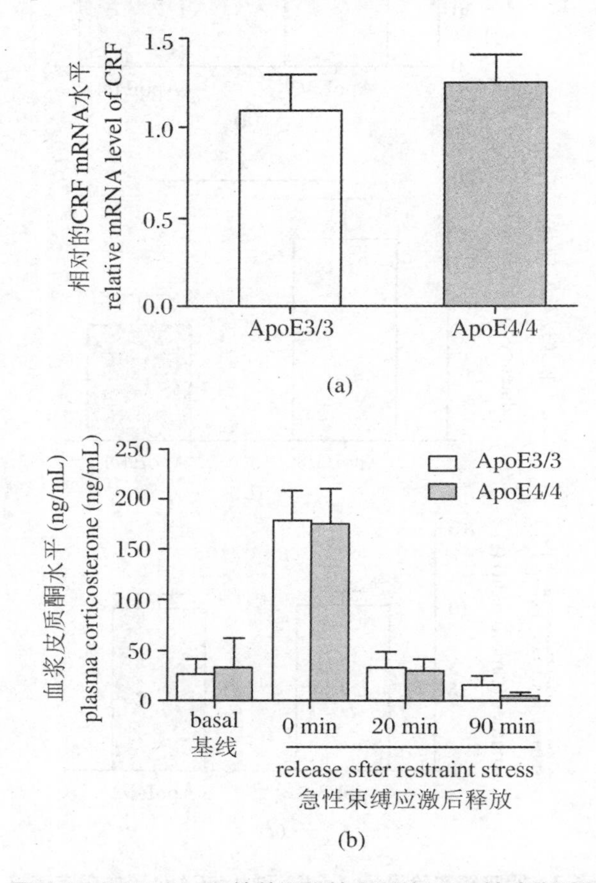

图 6-4　GFAP-*ApoE* 转基因雄性小鼠的 HPA 轴功能测定

注：在 GFAP-*ApoE* 转基因小鼠 3 个月大时，检测了下丘脑中 CRF 的水平(a)以及基线和急性束缚应激后皮质酮的分泌(b)。R30，束缚应激 30 min；R30 + 20，束缚应激 30 min，释放 20 min；R30 + 20，束缚应激 20 min。R30 + 20，束缚压力 30 min，释放 20 min；R30 + 90，束缚压力 30 min，释放 90 min。数值表示为平均值 ± SEM，每组 n(a) = 6～8，n(b) = 4 只小鼠。

（三）ApoE 干扰了 MR 和 GR 的受体平衡

多种受体的平衡参与调节精神系统的状态，其中包括：糖皮质激素受体（GR）、盐皮质激素受体（MR）和促肾上腺皮质激素释放因子受体 R1/R2（CRFR1/2）。有趣的是，GFAP-*ApoE*4 和 GFAP-*ApoE*3 转基因小鼠在下丘脑中的 GR 表达水平相似；然而，GFAP-*ApoE*4 转基因小鼠的 MR 表达水平高于 3 月龄的 GFAP-*ApoE*3 转基因小鼠（图 6-5）。

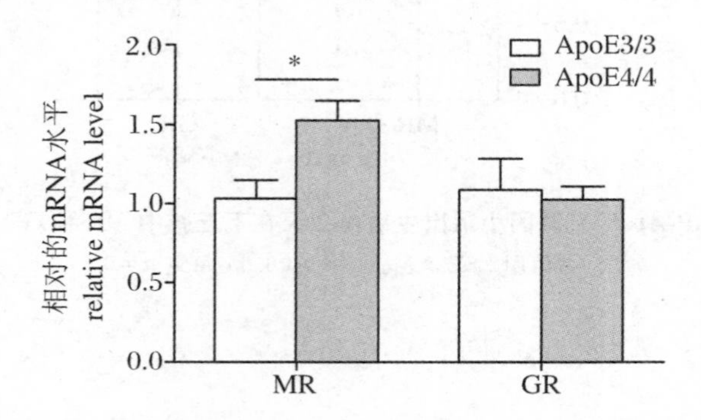

图 6-5　GFAP-*ApoE* 转基因小鼠 3 月龄时下丘脑中的皮质醇受体水平

注：数值用 ± SEM 表示。 * $p<0.05$；每组 $n=6$。

同时，我们还测量了下丘脑中早期应激反应基因（c-fos 和 c-jun）的表达水平。GFAP-*ApoE*4 转基因小鼠下丘脑中 c-fos 的表达高于 GFAP-*ApoE*3 转基因小鼠，但 GFAP-*ApoE*4 和 GFAP-*ApoE*3 转基因小鼠下丘脑中 c-jun 的表达水平无显著差异（图 6-6）。

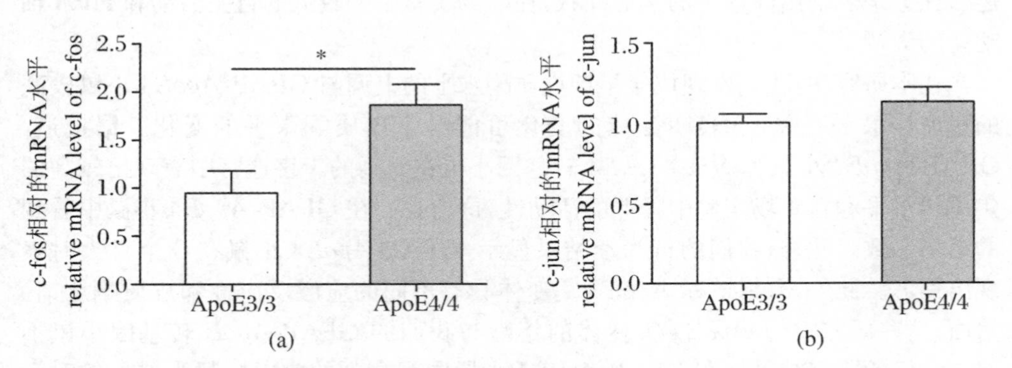

图 6-6　GFAP-*ApoE* 转基因小鼠下丘脑中 c-fos 和 c-jun 的表达水平

注：数值用 ± SEM 表示。 * $p<0.05$；每组 $n=6$。

为了进一步证实 MR 和 GR 表达水平的变化依赖于 *ApoE* 基因型，我们在出生后第二天（P2）检测 GFAP-*ApoE* 转基因小鼠中的 MR 和 GR mRNA 水平。出乎意料的是，这些新生的 GFAP-*ApoE*3 和 GFAP-*ApoE*4 小鼠的下丘脑中 MR 或 GR 的表达没有发现显著差异(图 6-7)。

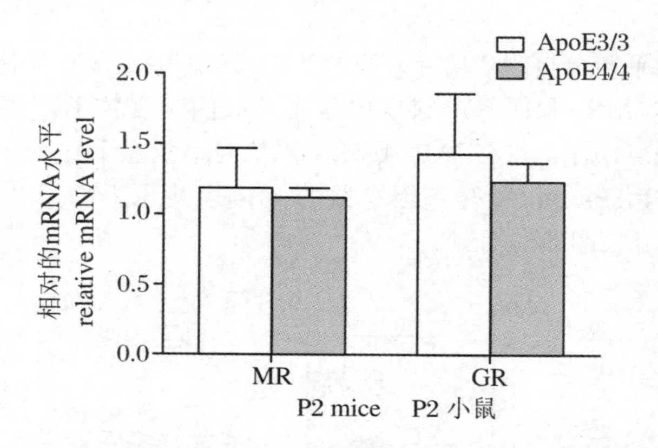

图 6-7 GFAP-*ApoE* 转基因小鼠出生后第 2 天在下丘脑中 MR 和 GR 的表达水平

注：数值用 ± SEM 表示。* $p<0.05$；每组 $n=6$。

四、讨论

伴随 AD 出现的非认知行为改变是关系到 AD 治疗和看护的重要考虑因素。在 70%的 AD 患者的病情进程中伴随出现焦虑症状。研究证实，携带 *ApoE*4 基因的 AD 患者或出现较高的焦虑症状和睡眠障碍。动物研究也证实了 *ApoE* 与焦虑之间存在着重要的联系。作为一个通用模型，*ApoE* 基因缺陷小鼠可用于研究 ApoE 在焦虑样行为中可能的作用。文献报道 6 月龄的 *ApoE*-/-小鼠在高架十字迷宫任务中表现出高水平的焦虑症状，在旷场实验中的较低的自主活动和 HPA 轴功能的失调。

在本研究中，我们发现成年早期皮质酮水平的上调与 GFAP-*ApoE*4 小鼠较高的焦虑样水平有关，这表明受体的变化可能早于皮质酮水平的变化。据报道，GFAP-*ApoE*4 小鼠和 NSE-*ApoE*4 转基因小鼠在升高的十字迷宫中表现出较高的焦虑样水平和在旷场实验中降低的活动性，这与我们在 GFAP-*ApoE*4 小鼠中看到的结果一致。此外，我们的行为学结果显示，GFAP-*ApoE*4 小鼠在 3 个月大时表现出焦虑。此外，有报道称 *ApoE*4 突变体具有不同的应激反应性和皮质酮反馈。然而，这些研究中的 *ApoE*4 突变体的年龄与我们的 GFAP-*ApoE* 转基因小鼠不同。我们的研究结果将在 GFAP-*ApoE*4 小鼠中观察到的焦虑样行为增加的时间从 6 个月转移到 3 个月。3 月龄小鼠 PVN 和基础血浆皮质酮水平的 CRF 表达无显著性差异，说明 3 月龄时 HPA 轴功能未受到损害。这些数据与之前的报道一致，即 *ApoE*-/-和 *ApoE*4 小鼠在 2～4 个月大时表现出正常的基础血浆皮质酮水平和对抑制应激的正常反应。

先前的研究表明，下丘脑中的MR在调节应激反应中发挥了重要作用。脑室内注射(ICV)给予MR拮抗剂可导致焦虑样行为的减少，这表明MR活性的增加可能会诱发焦虑样行为。研究发现，在抑郁症患者的PVN中，MR的表达增加，这也支持了我们的发现。此外，MR mRNA水平在下丘脑室旁核(PVN)和背侧前额叶皮质(DLPFC)之间呈负相关，说明MR可能在这两个区域发挥相反的作用。GFAP-*ApoE*4小鼠中焦虑样行为的增加可能是由于GFAP-*ApoE*4转基因小鼠下丘脑中MR的表达上调所致[111]。此外，考虑到皮质类固醇对MR的亲和力高于GR，以及MR对压力的反应更高，MR信号的上调有助于确认GFAP-*ApoE*4转基因小鼠的焦虑样行为。

我们在实验中进一步研究了MR/GR表达水平与*ApoE*基因型之间的关系。刚出生2天的转基因小鼠GFAP-*ApoE*4和GFAP-*ApoE*3的MR和GR表达水平并没有表现出差异，说明MR表达水平的上调不是由于*ApoE*4亚型的遗传导致的。因此，可能有一种辅助因子或效应因子以细胞/组织/发育特异性的方式表达。*ApoE*4基因型改变对压力等环境因素的脆弱性的能力可能是造成这种差异的原因[112]。因此，应激反应中的第一个调节因子MR的表达在成年早期发生了变化。

综上，我们发现GFAP-*ApoE*4转基因小鼠在比之前报道的更年轻时表现出更强的焦虑样行为。GFAP-*ApoE*4转基因雄性小鼠中MR信号的上调为焦虑样行为的原因提供了一种可能的机制，这可能为基于MR的情感障碍提供了一种新的治疗方法。

第二节 慢性应激对 *ApoE* 转基因鼠的影响

有证据表明，除了遗传因素在AD病变进程中的重要影响，环境因素同样也被证实在AD发病机制和行为障碍中发挥重要的作用。应激，包括生活中的重大事件和日常生活中的琐事，都是不可避免的，并且越来越多的研究证实人类生活经验是影响神经可塑性、神经再生、学习和记忆的重要因素。其中，海马结构常被认为是应激因素在中枢神经系统中起作用的重要靶点结构。尽管有越来越多的证据表明，应激在AD的发病机制中起了重要的作用，然而其中的具体机制还有待进一步深入研究。我们研究了不同*ApoE*基因小鼠在慢性应激条件下的行为学变化及突触蛋白表达的改变。

一、材料和方法

（一）实验动物

人类 GFAP-*ApoE*3 和 GFAP-*ApoE*4 转基因小鼠。

（二）分组与慢性束缚应激

3 月龄 ApoE 小鼠被随机分为对照组和应激组，共计四组：ApoE3-对照（3C）组，ApoE3-应激（3S）组，ApoE4-对照（4C）组和 ApoE4-应激（4S）组。束缚程序主要在昼夜周期光照期进行。对照组小鼠不受干扰；应激组小鼠经历 4 h/d 的束缚应激（内径 2.8 cm×9 cm）。为了防止小鼠对应激程序的习惯化，应激在白天不定期进行，每周束缚 4 天。

（三）行为学任务

行为学任务主要包括旷场实验、明暗箱实验、高架十字迷宫、新物体识别任务、Y 迷宫等。旷场实验、明暗箱实验和高架十字迷宫的实验步骤同前。整个实验设计的时间表如图 6-8 所示。

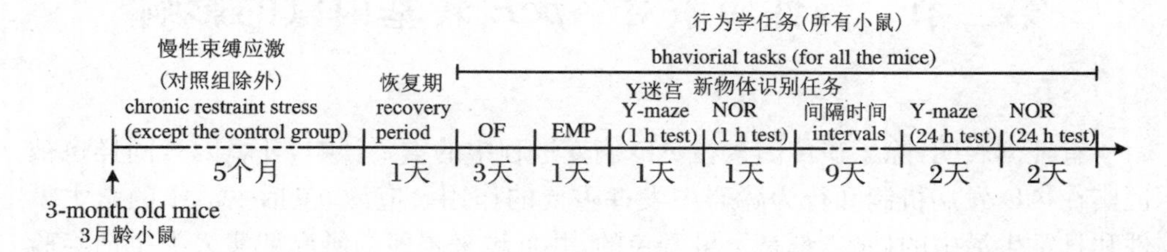

图 6-8　实验设计的时间表

1. 新物体识别任务

新物体识别任务主要用于评估动物对新旧物体的识别功能，其程序主要根据已有的报道进行了细微地修改。该任务在一个敞口的木质箱体（47 cm×36 cm×20 cm）中进行。该任务包含三个阶段：① 熟悉箱体阶段，即两个相同物体熟悉阶段，新旧物体同时识别阶段。实验的第一天允许每只小鼠在箱体中自由探索 5 min，以熟悉箱体。② 相同物体识别阶段，即两个相同的物体被放入箱体场边的两个角落，物体两边距墙 8 cm。将小鼠放入另一条长边的中点位置，面朝墙，允许其在箱体中自由探索 15 min。③ 新奇物体识别阶段,在间隔 1 h 或 24 h 以后,两个相同物体的其中一个被换成一个新的物体。将小鼠重新放入箱体中自由探索 5 min,其探索新物体时间(T_N)和熟悉物体时间(T_F)是通过对录像分析得出。小鼠对新物体的偏好 P_N 可定义为:探索新物体时间与新旧物体探索时间之和的比值,即 $P_N = \frac{T_N}{T_N + T_F}$。

2. Y 迷宫

Y 迷宫主要用于进行自发选择行为的评估,其实验程序主要根据已有的研究进行微小的修改[113]。该器材主要包括 3 个有机玻璃材料制作的放射臂(45 cm×15 cm×30 cm),分别被定义为放入臂、新臂和熟悉臂。Y 迷宫任务包括两个阶段:① 在任务的第一个阶段,新臂被关闭,小鼠以头朝墙的方式放入放入臂,并允许在迷宫中自由探索 15 min;② 在间隔 1 h 或 24 h 以后,任务的第二个阶段进行,新臂被打开,允许小鼠在迷宫中自由探索 5 min。其探索新臂时间(T_N)和熟悉臂时间(T_F)通过对录像分析得出。小鼠对新臂的偏好 P_N 可定义为:探索新臂时间与探索新臂和熟悉臂时间之和的比值,即 $P_N = \frac{T_N}{T_N + T_F}$。

二、统计分析

所有数据均表示为均值 ± 标准误。所有分析均在 SPSS 11.0 软件中处理得到。p 值小于 0.05 被认定为具有显著性。

三、结果

(一) 慢性应激 *ApoE* 转基因小鼠的运动和探索活动特性

在旷场实验中,我们发现,与 *ApoE*3 转基因小鼠相比,*ApoE*4 小鼠的探索活动[图 6-9(b),$F(1,41) = 1391.72$, $p < 0.001$]和自主运动的活动[图 6-9(c),$F(1,41) = 439.50$, $p < 0.001$]在连续三天的任务中均较低。同样,慢性应激对 *ApoE* 小鼠的探索行为[图 6-9(c),$F(1,41) = 1199.14$, $p < 0.001$]和自主运动[图 6-9(c),OF1,$p = 0.01$;OF3,$p < 0.05$]同样起到了重要的作用。在连续三天旷场实验中,与 *ApoE*3 小鼠相比,*ApoE*4 转基因小鼠表现出较少的探索行为(图 6-9(b),OF1,$p < 0.01$;OF3,$p < 0.05$)和自发活动(图 6-9(c),OF1,$p = 0.01$;OF3,$p < 0.05$)。慢性应激后,*ApoE*4 型小鼠的探索行为(图 6-9(b),OF1,$p < 0.05$;OF3,$p < 0.001$)和自发活动(图 6-9(c),OF3,$p < 0.05$)有所增加,而在

*ApoE*3 型小鼠中，探索行为[图 6-9(b)，OF2，$p = 0.001$]和自发活动[图 6-9(c)，OF1，$p < 0.05$；OF3，$p < 0.05$]有所减少。

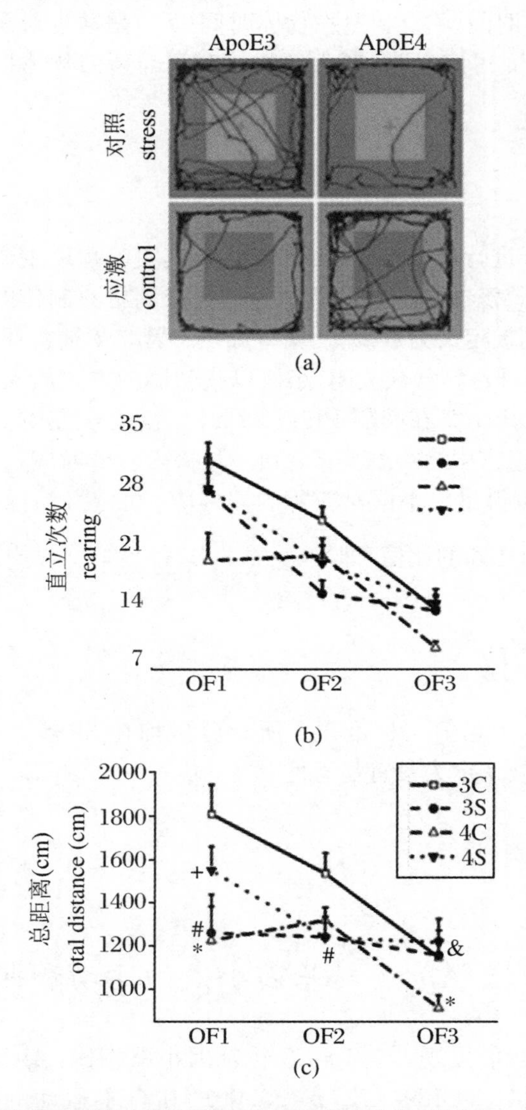

图 6-9 基于 3 天的旷场实验对 GFAP-*ApoE*3 和 GFAP-*ApoE*4 转基因雄性小鼠在慢性应激后的探索、运动活动和焦虑样行为

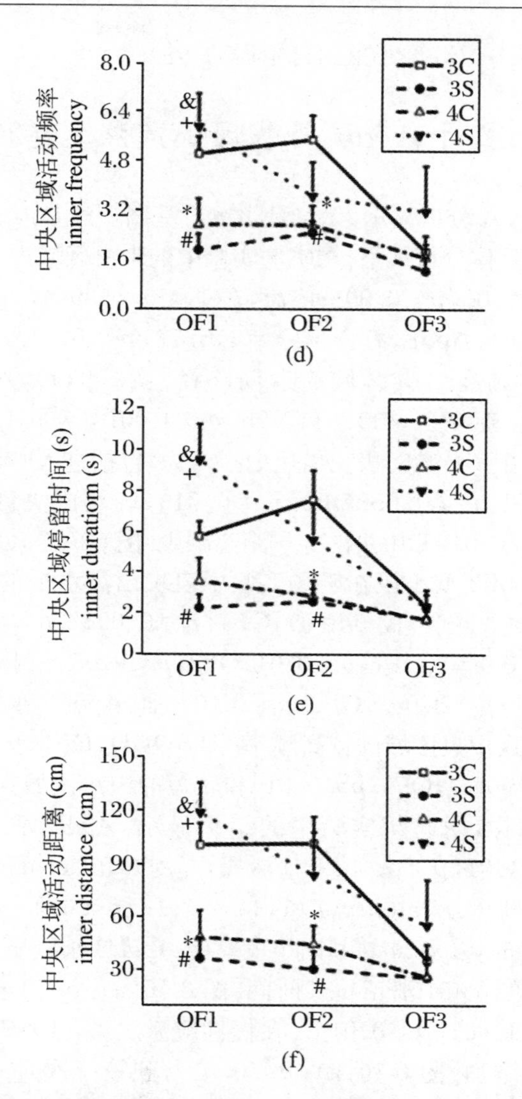

图 6-9 基于 3 天的旷场实验对 GFAP-*ApoE*3 和 GFAP-*ApoE*4 转基因雄性小鼠在慢性应激后的探索、运动活动和焦虑样行为(续)

注:(a) GFAP-*ApoE*3 和 GFAP-*ApoE*4 转基因非应激对照(C)小鼠或应激(S)小鼠在(a)任务的第一天的代表性 5 min 活动痕迹。直立次数(b)和总行走距离(c)的结果表明,GFAP-*ApoE*3 和 GFAP-*ApoE*4 转基因小鼠在探索和运动活动方面存在差异。中心区域(d)~(f)的活动表明了 GFAP-*ApoE* 转基因小鼠在慢性应激后的焦虑样行为。数据以 ± SEM 平均值表示;显著差异如下:* 3C 与 4C,# 3C 与 3S,& 4C 与 4S,+ 3S 与 4S;ApoE3/3-CON(3C,$n=13$);ApoE4/4-CON(4C,$n=14$);ApoE3/3-STR(3S,$n=9$)和 ApoE4/4-STR(4S,$n=8$)。

同样,双向方差分析结果显示,无论是 *ApoE* 基因型还是应激操作都对小鼠在高架十字迷宫中的自发活动有影响作用。与 *ApoE*3 小鼠相比,正常的 *ApoE*4 的小鼠表现出较低水平的自发活动。慢性应激操作导致了 *ApoE*4 型小鼠自主活动的增加，而没有改变 *ApoE*3 型小鼠的自主运动功能。

（二）慢性应激对 *ApoE* 转基因小鼠焦虑样行为影响

重复测量 ANOVA 分析显示，无论是 *ApoE* 基因型还是应激操作都参与调节小鼠的焦虑样行为，具体分析如下：在旷场实验中的中央区域进入次数[图 6-9(d)，ApoE，$F(1,41)=147.56$，$p<0.001$；应激，$F(1,41)=139.47$，$p<0.001$]、中央区域滞留时间[图 6-9(e)，ApoE，$F(1,41)=116.77$，$p<0.001$；应激，$F(1,41)=111.15$，$p<0.001$]和在中央区域的运动路径[图 6-9(f)，ApoE，$F(1,41)=124.75$，$p<0.001$；应激，$F(1,41)=117.76$，$p<0.001$]。与 *ApoE*3 型小鼠相比，正常 *ApoE*4 型小鼠在 8 月龄时表现出焦虑样行为，包括进入旷场中央区域的频率降低[图 6-9(d)，OF1，$p<0.05$；OF2，$p=0.01$]、旷场中央区域滞留时间减少[图 6-9(e)，OF2，$p<0.01$]和中央的穿梭距离减少[图 6-9(f)，OF2，$p<0.01$]。经历慢性应激之后，ApoE3 型小鼠在旷场实验中表现出高水平的焦虑样行为，包括进入旷场中央区域次数减少[图 6-9(d)，OF1，$p=0.001$；OF2，$p<0.01$]、中央区域滞留时间变短[图 6-9(e)，OF1，$p<0.01$；OF2，$p<0.05$]和中央区域运动距离的减少[图 6-9(f)，OF1，$p=0.001$；OF2，$p<0.01$]；而 ApoE4 小鼠却显示出较少的焦虑样行为，包括进入中央区域的较高频率[图 6-9(d)，OF1，$p=0.05$]，较短的中央区域滞留时间[图 6-9(e)，OF1，$p<0.01$]和较短的中央区域穿梭距离[图6-9(f)，OF1，$p=0.01$]。同样，明暗箱实验中的结果显示，*ApoE* 基因型[图 6-10(c)，shuttles，$F(1,40)=4.31$，$p<0.05$]和应激操作[图 6-10(a)，dark time，$F(1,40)=5.51$，$p<0.05$；图 6-10(b)，latency，$F(1,40)=7.17$，$p<0.05$]都参与调节小鼠的焦虑样行为。8 月龄时，*ApoE*4 转基因小鼠要比 *ApoE*3 小鼠显示出更高的焦虑水平。*ApoE*4 型小鼠在暗箱中滞留更长时间[图 6-10(a)，$p<0.05$]，在明暗箱之间穿梭次数较少[图 6-10(c)，$p<0.01$]。在慢性应激之后，*ApoE*3 型小鼠表现得更加焦虑，暗箱中时间增加[图 6-10(a)，$p<0.01$]，到第一次进入暗箱的时间缩短[图 6-10(b)，$p<0.01$]。而 *ApoE*4 型小鼠一方面保持了较高的焦虑状态，较长的暗箱滞留时间，到第一次进入暗箱的时间缩短[图 6-10(b)，$p<0.001$]；另一方面，它又保持了较多的穿梭次数。

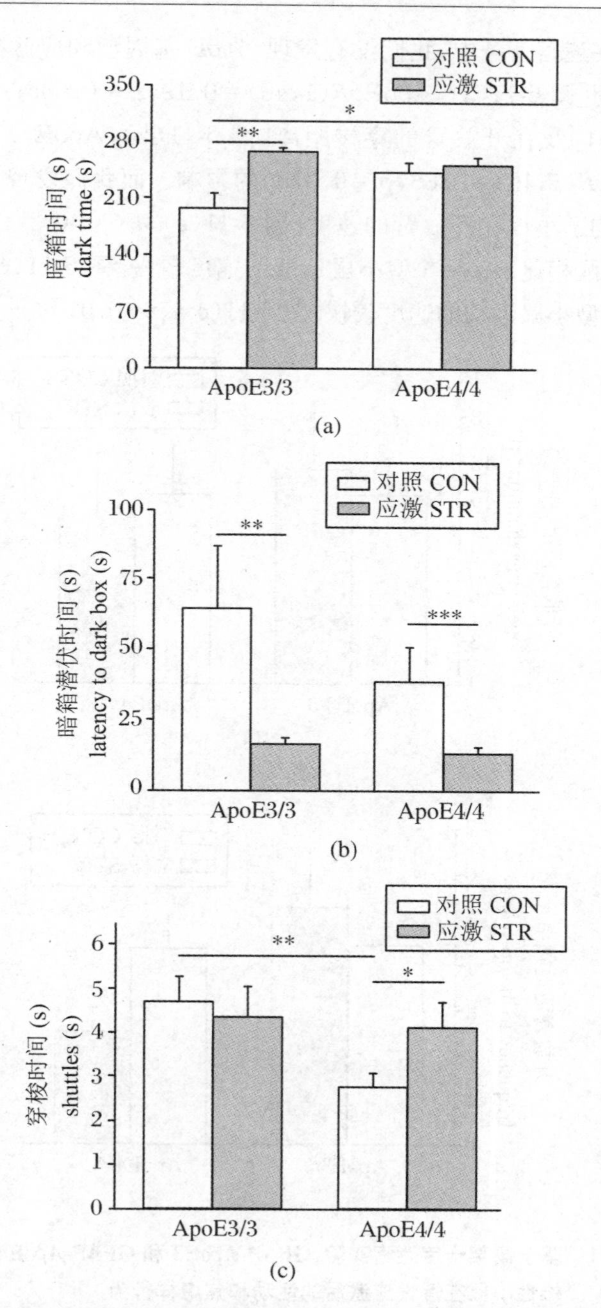

图 6-10　*ApoE3* 和 *ApoE4* 转基因小鼠慢性应激后的焦虑样行为分析

注：在暗箱中的时间(a)、到暗箱的潜伏时间(b)和暗箱到明箱的穿梭时间(c)。每组小鼠 $n=8\sim14$；数据表示为均值±标准误；* $p<0.05$，** $p<0.01$，*** $p<0.001$。

在高架十字迷宫任务中，我们没有发现 *ApoE* 基因型和应激操作对小鼠在开放臂的停留时间[图 6-11(a)，ApoE，$F(1,40)=0.19$，$p=0.665$；应激，$F(1,40)=0.002$，$p=0.961$]及在开放臂的穿梭距离[图 6-11(b)，ApoE，$F(1,40)=1.87$，$p=0.18$；应激，$F(1,40)=0.88$，$p=0.373$]的影响。而我们发现 *ApoE* 基因型和应激的交叉影响了小鼠在开放臂的速度[图 6-11(c)，$F(1,40)=6.78$，$p<0.05$]。与 *ApoE*3 型小鼠相比，*ApoE*4 型小鼠运动的速度较慢[图 6-11(c)，$p<0.01$]，而应激的 *ApoE*4 型小鼠运动的速度较快[图 6-11(c)，$p<0.01$]。

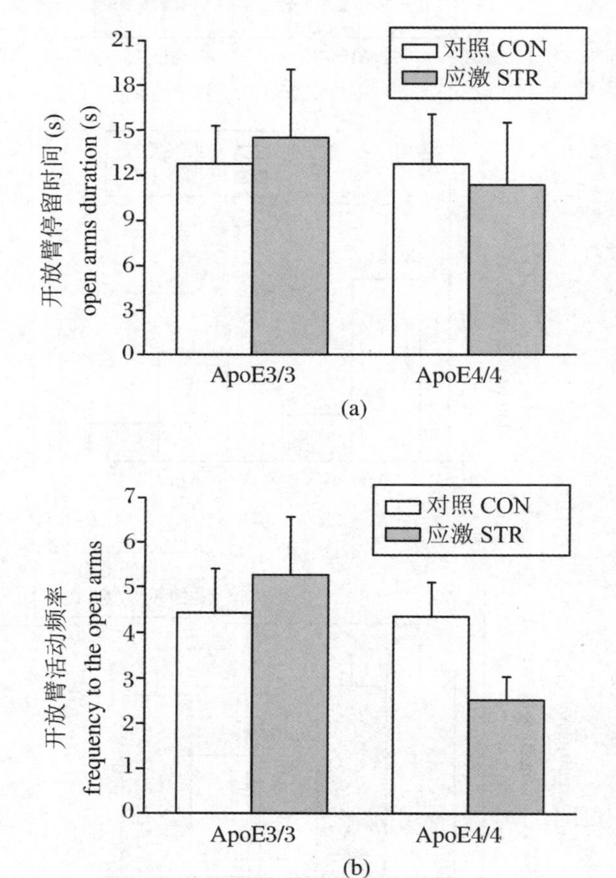

图 6-11　基于高架十字迷宫实验，GFAP-*ApoE*3 和 GFAP-*ApoE*4 转基因雄性小鼠在慢性应激后的活动和焦虑样行为

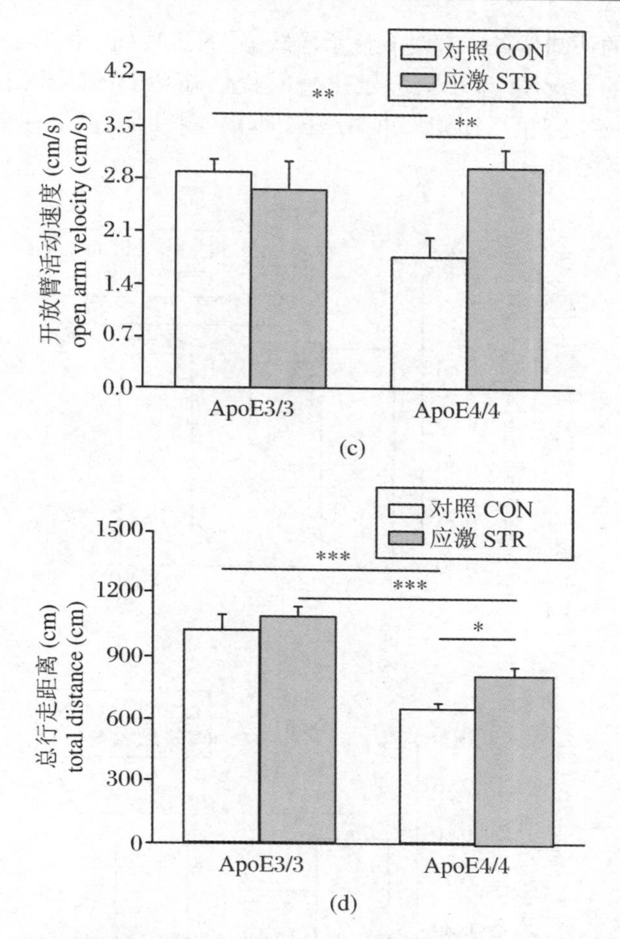

图 6-11　基于高架十字迷宫实验，GFAP-*ApoE*3 和 GFAP-*ApoE*4 转基因雄性小鼠在慢性应激后的活动和焦虑样行为

注：张臂的持续时间(a)、频率(b)和速度(c)表明非应激和应激 GFAP-*ApoE* 转基因雄性小鼠的焦虑样行为。总行走距离(d)表示 GFAP-*ApoE* 转基因小鼠在 EPM 实验中的运动能力。数据用均值 ± SEM 表示。* $p<0.05$，** $p<0.01$ 和 *** $p<0.001$；ApoE3/3-CON(3C，$n=13$)；ApoE4/4-CON(4C，$n=14$)；ApoE3/3-STR(3S，$n=9$)和 ApoE4/4-STR(4S，$n=8$)。

（三）慢性应激对 *ApoE* 转基因小鼠认知功能的影响

我们用不同时间间隔的(1 h 或 24 h)新物体识别任务评估了 ApoE 小鼠的认知功能。Two-way ANOVA 分析显示不同 *ApoE* 基因型在 1 h 间隔的新物体认知任务中起到不同的影响[图 6-12(a)，$F(1,40)=4.69$，$p<0.05$]。而在 24 h 间隔的任务中，慢性应激则对小鼠的认知功能有着显著的影响[图 6-12(b)，$F(1,40)=15.88$，$p<0.001$]。在 8 周龄时，不管是 *ApoE*3 还是 *ApoE*4 小鼠在短程记忆和长

时间记忆相关的认知任务中都没有显示出缺陷[图 6-12(a),图 6-12(b)]。然而,与慢性应激处理的 *ApoE*4 型小鼠显示出短时程认知功能的障碍[图 6-12(a),$p<0.05$]。慢性应激处理的 *ApoE*3 和 *ApoE*4 小鼠在长时间记忆任务中显示出缺陷[图 6-12(b),$p<0.05$]。

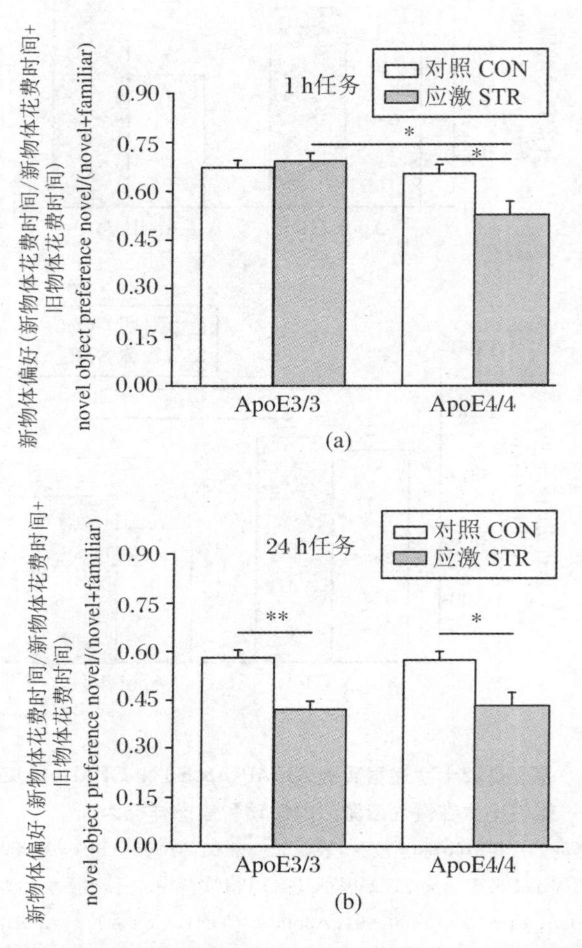

图 6-12 基于新的物体识别任务,研究了慢性应激对 GFAP-*ApoE*3 和 GFAP-*ApoE*4 转基因雄性小鼠非空间记忆的影响

注:在 GFAP-*ApoE*3 和 GFAP-*ApoE*4 转基因雄性小鼠的 1 h(a)和 24 h(b)间隔任务中,测量了这些雄性小鼠的新物体偏好。数据用均值 ± SEM 表示。* $p<0.05$ 和 * * $p<0.01$;ApoE3/3-CON(3C,$n=13$);ApoE4/4-CON(4C,$n=14$);ApoE3/3-STR(3S,$n=9$)和 ApoE4/4-STR(4S,$n=8$)

在 1 h 延迟的 Y 迷宫任务中,*ApoE* 基因型和应激的交互作用对小鼠对于新臂的偏好具有重要的影响[图 6-13(a),$F(1,40)=10.38$,$p<0.01$]。8 月龄时,*ApoE*4 转基因小鼠显示出对于新臂短时间记忆认知的障碍[图 6-13(a),$p<0.05$]。在应激之后,ApoE3 小鼠的短时间记忆显示出障碍[图 6-13(a),$p<$

0.05]，在 24 h 延迟 Y 迷宫实验中，尽管 ApoE3 和 ApoE4 小鼠对新臂的偏好有所降低，然而，我们并没有发现在各组动物之间存在显著的差异。

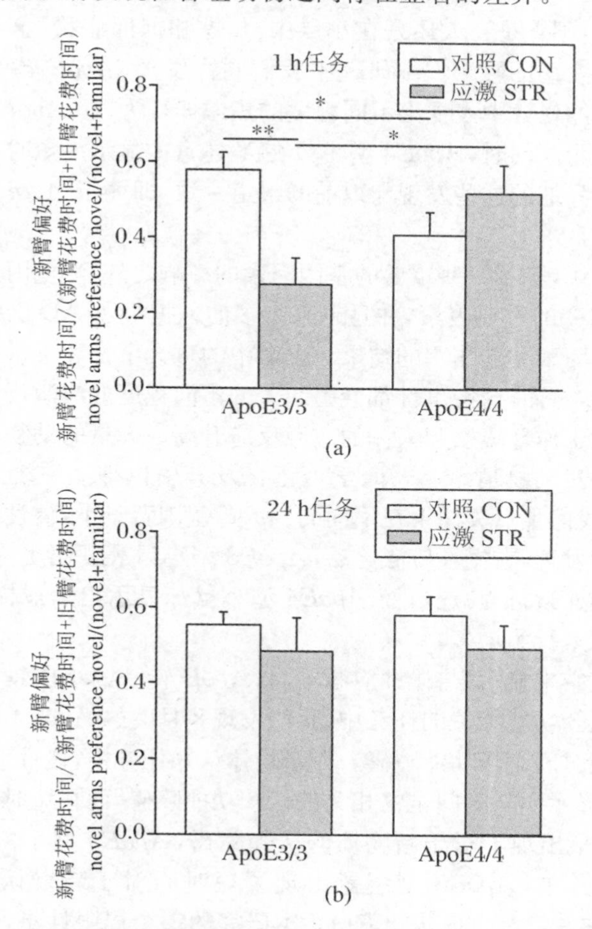

图 6-13　基于 Y 迷宫任务对慢性应激治疗对 GFAP-*ApoE*3 和 GFAP-*ApoE*4 转基因雄性小鼠空间记忆的影响

注：在 1 h(a) 和 24 h(b) 间隔任务中，测量了 GFAP-*ApoE*3 和 GFAP-*ApoE*4 转基因雄性小鼠的新臂偏好。数据用均值 ± SEM 表示。* $p<0.05$ 和 ** $p<0.01$；ApoE3/3-CON(3C，$n=13$)；ApoE4/4-CON(4C，$n=14$)；ApoE3/3-STR(3S，$n=9$) 和 ApoE4/4-STR(4S，$n=8$)。

四、讨论

在本研究中，我们研究了慢性应激对不同 *ApoE* 转基因小鼠在自主运动、探索、焦虑样行为和认知功能方面的影响。我们发现，与 *ApoE*3 小鼠相比，8 月龄 *ApoE*4 转基因小鼠自主运动和探索行为减少，焦虑样行为增多，并且在 Y 迷宫中显现认知功能缺陷。经历慢性应激后，*ApoE*3 型小鼠表现出更多的焦虑样行为和显示出认知功能缺陷；而 *ApoE*4 小鼠却显示出自主运动和探索行为的增加，焦虑样行为的减少，同样显示出认知功能的障碍[114]。

有证据显示，不管是在人还是在小鼠中，焦虑和抑郁症状、学习和记忆功能都受到不同 *ApoE* 亚型的影响。本研究中我们同样发现，*ApoE* 转基因小鼠在 8 月龄时在三个相关的任务中表现出不同程度的焦虑样行为，即 *ApoE*4 型小鼠表现出更多的焦虑样行为。同时，*ApoE*4 型小鼠在 Y 迷宫中显示出短时记忆相关的新物体的认知障碍。我们的这些发现与以前的报道一致，即关于 *ApoE*4 对焦虑和认知功能的负面影响。

在 AD 病程中，除了一些重要的基因因素的影响之外，环境因素也被认为是加速和加剧 AD 病变的重要因素，并且越来越多的证据显示 AD 的病理变化可能是遗传因素和环境因素共同作用的结果。生命中的重大事件和日常生活中的琐碎小事是不可避免的，然而，这些事件都会引起人的不同程度的应激反应。已有大量的研究证实高应激工作环境引起人体的应激反应升高。大量的动物实验广泛地关注了各种应激刺激对动物情绪、认知、学习记忆及其中枢神经系统分子和结构的改变。本研究中，我们重点关注了在不同的 *ApoE* 基因背景下，慢性应激对小鼠行为学的影响。我们发现，在慢性应激之后，*ApoE*3 型小鼠表现出更多的焦虑样行为，并且自主运动和探索行为减少；而 *ApoE*4 型小鼠却显示出焦虑样行为的减少，同时自主运动和探索行为增多。

我们的研究结果显示，与慢性应激不同，*ApoE* 转基因小鼠具有不同的情绪行为的反应。在认知功能相关的任务中，我们发现 8 月龄的 *ApoE*4 型小鼠在 Y 迷宫任务中显示出短时间记忆功能障碍。在新物体认知任务中，慢性应激之后，*ApoE*3 和 *ApoE*4 小鼠显示出长时间记忆相关的认知功能障碍，而在短时间认知功能实验中，*ApoE*4 型小鼠出现了对于新物体的认知障碍，*ApoE*3 型小鼠并未出现缺陷。而在 Y 迷宫任务中，*ApoE*3 型小鼠出现了短时间对于新臂认知的障碍，而在 *ApoE*4 型小鼠中并没有发现认知障碍。本研究的一个局限性是，我们没有研究慢性应激对焦虑样行为和认知的调节作用是否与海马体有关。

综上所述，我们的研究结果表明，不同的 *ApoE* 基因型对慢性应激的不同反应影响了焦虑样行为和认知功能，为了解 *ApoE* 在 AD 中的作用提供了新的视角[115]。因此，当认为 *ApoE*4 是 AD 发展的潜在危险因素时，不应忽视慢性应激。

第三节　*ApoE*4 影响突触线粒体损伤和氧化应激水平

随着研究发现，氧化应激在 AD 发病机制中起到了关键作用，随着年龄的增长，线粒体上的电子呼吸传递链电子泄漏不断增多，活性氧自由基（reactive oxygen species，ROS）含量增加，攻击体内的蛋白质、脂类等，使线粒体损伤，形成更多的 ROS，从而形成一种恶性循环。在 AD 患者脑中，线粒体 DNA 的损伤明显高于正常组。而相关的分子检测也显示，AD 患者具有更高的氧化应激水平。

越来越多的研究显示，ApoE 和氧化应激密切相关。ApoE 作为脂类运输必不可少的一种转运蛋白，同时也能和受体结合介导信号通路。许多证据都显示了这些信号通路的一些下游分子可以直接或者间接地参与体内的代谢过程，影响氧化应激水平。

有文献报道，在神经元细胞中 ApoE4 可以和线粒体结合，这为我们研究 ApoE 和氧化应激提供了一个很好的靶点。它提示我们，ApoE 可能是通过调控线粒体影响氧化应激水平。

一、氧化应激

氧化应激一般是指体内的自由基的产生，已经超过了机体自身的清除能力。这种非平衡状态的发生通常是由于自由基的过度积累和自身清除系统产生障碍导致了不能有效地完成清除任务。所谓的自由基指的是体内的生物分子表面携带了一个或者多个未配对的电子，将氧分子还原为水是产生自由基的途径之一。

当自由基带上一个带电子的氧分子，我们就称之为活性氧自由基。与此同时一些硝基等也在氧化应激中发挥着重要作用。这些自由基可以和脂类、蛋白质、核酸以及其他一些生物分子反应，影响它们的结构和功能。

由于脑组织的组成主要为脂类，脂类本身容易被氧化，而且有着很高的耗氧率，所以大脑本身就很容易受到氧化损伤。实际上 98%的氧分子都是通过线粒体上的电子呼吸传递链所消耗的。线粒体本身是产生活性氧自由基的主要场所，而它也容易成为自由基攻击的目标，所以线粒体的功能损伤和氧化代谢在氧化应激的过程中起着非常重要的作用[116]。

从化学的角度来说，氧化应激和活性氧物质的不断产生是密切相关的。诸如谷胱甘肽这样的还原性物质，是体内对抗这样的氧化应激的重要防御系统。通常情况下细胞处于一种稳定的状态，活性氧的产生在一个低的水平，而防御系统对其不停地进行修复，通常可以克服一些小的波动。但是当这样氧化应激程度超出了细胞本身的防御能力就会导致细胞功能损伤，影响 ATP 的利用，甚至引发凋亡。大脑由于其特殊的组成和高代谢率成为受 ROS 攻击最敏感的器官。ROS 通过攻击 a-synuclein、Aβ、SOD1，引起它们的错误折叠或者降解，从而引起神经退行性病变[117]。随着细胞衰老的进程，细胞产生 ROS 的能力越来越强，而抵御攻击的能力却在下降，这种变化可能是因为蛋白重组引起的[118]。

二、氧化应激和炎症反应和细胞凋亡

在包括氧化应激在内的细胞损伤条件下，胶质细胞会被激活[119]。激活的胶质细胞会释放 H_2O_2，虽然其自身无害，但是它会形成 HOCL，从而对其他细胞产生毒害作用。有研究发现，胶质细胞的 iNOS 浓度在 PD 患者的脑中上升，而在 PD 发病中，MAPK 蛋白的持续激活影响了运动神经元和胶质细胞。MAPK 蛋白可以被氧化应激和炎症反应激活，从而又加强了胶质细胞的 NO 产生。氧化应激产物和炎症反应之间的作用也被认为是神经退行性疾病发病中的一个重要特征。

氧化应激不仅可以直接损伤细胞，而且还能通过激活细胞内的细胞通路引起凋亡。有一些证据表明了凋亡在 AD 和其他病症中与氧化应激密切相关。当细胞表达 APP 突变基因的时候，细胞被发现诱发了凋亡进程。与此同时，细胞内源性的氧化应激水平也显著提高。而在 ALS-SOD1 转基因鼠中发现，运动神经元 caspase 的激活是依赖于 NOS 水平的，并且可以被 NO 活性自由基诱导[120]。caspase 被激活以后通过 JNK 通路引起黑质一系列的变化。而 caspase 的激活可能会造成 DNA 损伤，进一步地激活 *p*53 基因，通过 Bax-1 诱发了细胞的凋亡。GSH 还原进程也会在多巴胺能神经元中诱导细胞凋亡，而外源性地加入了 GSH，能有效地阻止多巴胺依赖性的神经毒作用。

三、线粒体氧化应激和 AD

长期以来由于衰老所带来的线粒体功能损伤被认为是 AD 发病机制中的重要因素[121]。线粒体损伤的表现包括异常线粒体 DNA（mtDNA）的积累和线粒体产生大量的活性氧自由基。尽管绝大多数线粒体的蛋白是由细胞核 DNA 所编码的，但是线粒体自身携带的 mtDNA 依然发挥着作用。人类的线粒体 DNA 一共包括了 16569 个碱基，它编码了线粒体电子呼吸传递链组分的 13 个蛋白。mtDNA 的突变会引起许多疾病，主要集中在脑和肌肉组织这样的高代谢率部位[122]。

mtDNA 伴随着衰老的进程会因为大片段的缺失或者点突变而造成自身的变异积累。在病理过程中，单个核苷酸的点突变虽然整体比率较高，但是在脑中还是维持在适量的水平。线粒体 DNA 的这种片段缺失和点突变实际上是与线粒体功能伴随着衰老而减退是一致的。研究发现，脑中的编码细胞氧化酶的基因 CO1，它所编码的蛋白活性和 mtDNA 的点突变水平是负相关的。

mtDNA 的复制依赖于 mtDNA 聚合酶-γ(POLG)，它除了具有 5′-3′端的聚合酶活性之外，有时还具有 3′-5′端的内切酶活性，用于复制过程中的校对功能。如果 mtDNA 聚合酶-γ 的内切酶活性受到影响，那么在 mtDNA 复制过程中就无法修正错配等碱基错误，从而导致了线粒体 DNA 突变异常的发生。在小鼠中，突变了聚合酶-γ 的内切酶活性后，在所有的组织中，mtDNA 的突变都被发现有明显提高[123]。到了 8 周，纯合的突变型 polg$^{-/-}$ 小鼠细胞色素 B 编码基因每 10 kp 碱基突变个数达到了 9 个，而正常的野生型小鼠，每 10 kp 碱基突变的个数仅有 1 个。这种突变率的增长降低了电子呼吸传递链上酶的活性和 ATP 的生成[124]。另一方面，POLG 剪切活性的消失还会导致小鼠 caspase3 水平的提高，它被认为是细胞凋亡的一个重要标志物。有趣的是，突变的 POLG 的剪切酶活性，并没有使小鼠的脂类、蛋白质和 DNA 的过氧化水平提高，包括过氧化氢酶在内的一些抗氧化蛋白也没有明显变化。这意味着这种 POLG 突变的小鼠所产生的病理变化并不是由于活性氧自由基 ROS 的水平变化造成的。

还有一些证据表明了 mtDNA 可能会影响 AD 患者中的线粒体损伤。当把 AD 患者的 mtDNA 转到敲除了 mtDNA 的细胞系中，这种杂合的细胞表现出和 AD 患者脑组织一样的电子呼吸链酶的缺失，这提示我们这种损伤机制可能是由于 mtDNA 异常造成的。但是由于技术手段的限制，鉴定 AD 特异性的 mtDNA 突变目前还是一个难题。从 145 个 AD 患者中鉴定的完整 mtDNA 序列，和 128 例对照中鉴定的 mtDNA 序列进行了比对，并没有发现明显特异性的突变。而对于一些特定的编码区域(如 CO1)，也没发现有特异的点突变。但是有些基因的启动子区域比核编码基因对氧化应激损伤更加敏感。mtDNA 的控制区在 AD 患者脑中突变有明显的上升。AD 患者脑中的 mtDNA 控制区突变相比 80 岁老人要高出平均 63%，这些突变的区域主要是 mtDNA 的调控元件，抑制了线粒体自身表达蛋白的转录和复制。

通过线粒体产生 ROS 被认为是造成衰老的一个重要原因。线粒体内有许多可以携带电子的分子可以转化为 ROS，而线粒体自身的损伤会加剧这个过程。通过增强线粒体的抗氧化功能可以延长生物的寿命，这证明了 ROS 对衰老产生直接的影响。在小鼠中发现，高表达线粒体内的过氧化氢酶也可以增加小鼠的寿命。

通过基因表达分析研究，发现随着衰老，脑的氧化损伤在认知能力减退方面有着重要的作用。结果显示在 40 岁以上人群中，涉及突触可塑性、囊泡运输和线粒体功能的基因表达下调，与此同时，应激相关基因、抗氧化蛋白基因和 DNA 修复相关基因的表达却明显上升。相比随着衰老表达水平相对稳定的基因，表达降低基因的 DNA 过氧化损伤更加的严重。线粒体功能缺失会引起脑内一些敏感基因的损伤。由于这些敏感基因的启动子区通常 GC 含量比较高，因此更容易受到活性氧自由基的攻击，通常表现为加剧了ROS的产生，抑制了ATP的生成。

大量的实验研究证明了氧化应激损伤和线粒体功能障碍在AD发病机制中起着重要作用[132]。在AD患者脑中，老年斑形成之前，氧化损伤就已经发生了。进一步研究表明，APP转基因鼠中，氧化损伤的发生甚至还要早于Aβ积累，诱发凋亡和与神经元的结合。

越来越多的实验证据表明了线粒体损伤和氧化应激在AD病理过程中发挥着作用[133]。研究人员发现，在新生的荷兰猪神经元上给予过氧化氢，会提高细胞内的Aβ浓度。而胶质细胞中给予了线粒体上电子呼吸传递链的解偶联剂CCCP后，会引起星形胶质细胞模拟APP剪切的过程，从而提高细胞内的Aβ含量。在APP转基因小鼠中，杂合型的MnSOD缺失，会导致脑内的Aβ水平升高，并导致老年斑的沉积。而同样的，在APP转基因鼠中给予了能量代谢抑制剂(如insulin等)，会提高剪切酶的表达和活性，同时Aβ水平也升高。

有关氧化应激与AD之间的信号通路也被人们渐渐地发现。通过这些信号通路氧化应激调节了APP和Tau蛋白的修饰加工。比如，氧化应激通过激活c-jun N端激酶和MAPK来提高了剪切酶的表达[134]，还能通过糖原合成酶激酶-3(glycogen synthase kinase-3，GSK-3)来促进Tau蛋白的过度磷酸化。而诱导氧化应激的关键分子的失活也是一种重要的调节机制。蛋白质组学研究发现，肽基脯氨酰异构酶(prolyl isomerase，PIN1)对于氧化损伤十分敏感，它能催化蛋白构象改变，可以影响到APP和Tau的修饰剪切。当*Pin1*被敲除以后，小鼠体内的Aβ水平显著提高，并且体内的Tau蛋白的氧化磷酸化增加。

许多AD病理过程中涉及的蛋白，可以直接作用于线粒体或线粒体蛋白。Aβ可以和一种称为乙醇脱氢酶(AP-binding alcohol dehydrogenase，ABAD)的线粒体基质蛋白结合，一种小肽阻碍了它们之间的结合作用之后，Aβ诱导的凋亡作用以及活性氧自由基的产生就会被抑制。相反，当ABAD在APP转基因鼠中过表达的时候，会引起神经元的氧化应激水平提高，小鼠的记忆功能下降。还有报道显示Aβ可以和线粒体直接作用，抑制细胞色素氧化酶的活性，促进活性氧自由基的产生。在AD患者脑中的a-酮戊二酸脱氢酶(a-ketoglutarate dehydrogenase)和细胞色素氧化酶的活性明显降低，而在分离出的线粒体中，研究人员发现ApoE可以抑制a-酮戊二酸脱氢酶的活性，Presenilin和其他γ剪切酶的组分都可以直接定位到线粒体上，形成激活状态的γ剪切酶复合体。

四、转基因小鼠中*ApoE4*引起的突触线粒体损伤和氧化应激水平上调

近年来研究显示，氧化应激和突触功能结构上的改变在AD病理过程中发挥了重要的作用，这三者之间密切相关[128]。我们的研究就是基于这个基础，希望可

以利用 *ApoE* 转基因鼠模型，以及蛋白质组学和分子生物学的手段，找出 *ApoE* 的基因多态性是否会通过影响氧化应激和突触线粒体等而影响小鼠正常的生理功能。

（一）材料和方法

1．实验动物

本实验采用的转基因动物，人类 GFAP-*ApoE*3、GFAP-*ApoE*4 转基因鼠购于美国 Jackson 实验室。品系为 C57BL/6J，该转基因小鼠自身表达的鼠源 *ApoE* 被敲除，表达人类 *ApoE*3、*ApoE*4 基因[129]。并且该基因受 GFAP 启动子控制，只在产生 GFAP 的细胞中表达（如星形胶质细胞）。小鼠饲养于中国科学技术大学 SPF 级实验动物中心。饲养规模为每个聚碳酸酯鼠笼 6 只。饲养中心的光照周期以上午 7：00 为起始，12 h 循环。室温控制在（22±1）℃。饲料和饮水全部符合 SPF 级实验动物饲养要求。动物实验的操作参照中国科学技术大学动物使用标准。

2．行为学任务

所有实验动物在进行行为学任务前 10 天，每天都会在计划进行行为学实验的时间段内，将实验动物放置于行为学实验室内进行环境适应，以适应新的环境的灯光、温度、湿度等环境因素。所有的行为学实验都于白天完成，每天实验的时间段保持一致。所有实验数据都通过一个摄像头进行记录。所有实验数据分析均按照双盲实验要求，由未参与行为学实验的同学负责统计时间。行为学任务主要包括新奇物体识别任务（novel object recognition）和 Y 迷宫。步骤同前。

3．Trizol 法抽提组织总 mRNA

实验步骤之前所有 EP 管枪头必须 DEPC 水浸泡过夜，高压灭菌后方可使用。

（1）取皮层组织约 30 mg 加入 1 mL Trizol 电动匀浆至无可见的组织块。

（2）将匀浆液转移到 1.5 mL EP 管，冰上静置，加入 200 μL 氯仿，混匀。室温静置 5 min。

（3）12000 r/min 离心 5 min，转移上层水相 400 μL 于一新的 EP 管中。下层有机相保留用于蛋白抽提。

（4）加入 400 μL 异丙醇，颠倒混匀，－20 ℃放置 30 min。

（5）12000 g 离心 5 min，弃上清。

（6）加入 1 mL 75%乙醇洗涤沉淀，12000 g 离心 5 min，弃上清。

（7）开盖室温风干，视沉淀多少，用 30～50 mL DEPC 水溶解。

4. Western Blotting

(1) 从大脑皮层组织提取蛋白质。

(2) 蛋白质在12%的SDS-PAGE凝胶上分离,然后转移到PVDF膜上。

(3) 在5%脱脂牛奶溶液中封闭膜,用细胞色素C氧化酶4(COXⅣ)(1∶2000,Abcam,美国),SOD2(1∶3000,Abcam,美国),PSD95(1∶1500,Abcam,美国),SYN1(1∶3000,西格玛-奥尔德里奇,美国)和β-actin(1∶3000,康城,中国)的抗体进行检测。

(4) 使用ECL进行检测蛋白条带。

5. Q-PCR

采用归一化的$2^{-\Delta\Delta Ct}$法计算COXⅣ和SOD2的表达。在进行RT-qPCR前评估引物的效率。

6. 氧化应激检测方法

检测原理是通过谷胱甘肽还原酶把GSSG还原成GSH,而GSH可以和生色底物DTNB反应生成黄色的TNB和GSSG。在412 nm处可以检测到有色物质的光吸收。根据之前文献报道的方法定量测定谷胱甘肽(GSH)和谷胱甘肽二硫醚(GSSG)的水平,用试剂盒测定上清液中丙二醛(MDA)的含量,在532 nm处读取吸光度。

7. 蛋白质谱

对于RP-LCMS/MS分析,将来自突触体的500 ng和非突触线粒体的200 ng蛋白消化物重新溶解于0.1%甲酸(FA)水溶液中,并装入生物碱性C18微质粒™柱(100 mm长度,75 μmID)。使用流动相A(0.1%FA水溶液)和B(0.1%FA乙腈溶液),在150 min内将B相梯度从2%升至98%,线性阱四极(LTQ离子阱)质谱仪进样,仪器参数使用速度为600 nL/min纳流探针的电喷雾电离。在样品分析前后分别进行两次空白注射,以减少残留。

(二) 结果

1. 行为学实验结果

新奇物体识别任务中,13月龄的*ApoE*转基因鼠表现出了不同的新奇物体再认能力。在30 min间隔的新奇物体识别任务中,*ApoE*3转基因鼠对于新物体的接触时间高于*ApoE*4型(图6-14,$p<0.001$)。同时在60 min的测试中,这种基于基

因型的差异依然存在。13 月龄的 *ApoE*4 转基因鼠表现出了对于短时程认知功能的障碍(图 6-14，$p<0.05$)。

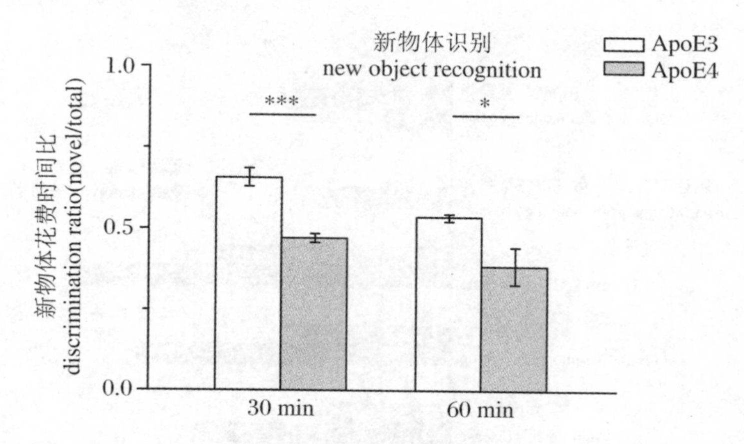

图 6-14　13 月龄 *ApoE* 转基因小鼠新奇物体的再认能力

注：在 GFAP-*ApoE*3 和 GFAP-*ApoE*4 转基因小鼠的 30 min 和 60 min 间隔任务中，测量了这些小鼠对新奇物体的再认能力。数据用均值 ± SEM 表示；$n=5\sim6$ 只小鼠/组；$p<0.05$ 和 *** $p<0.001$。

与新奇物体识别任务不同的是，13 月龄的 *ApoE* 转基因鼠，并未在 Y 迷宫任务中表现出学习记忆能力的区别。在 1 h 间隔的任务中，*ApoE*3 型对于新臂的探索时间和 *ApoE*4 转基因鼠相比，只有升高的趋势，并没有表现出统计上的显著性差异(图 6-15)。同样的表现也体现在 24 h 间隔的任务中，*ApoE*3 和 *ApoE*4 没有体现出差异。

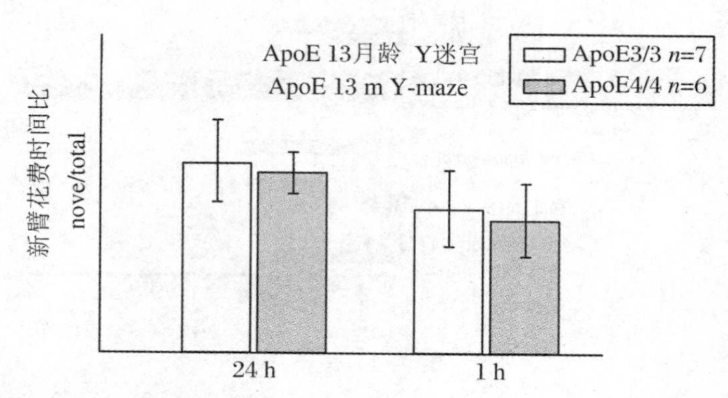

图 6-15　利用 Y 迷宫检测 13 月龄 *ApoE* 转基因小鼠学习记忆能力

注：在 GFAP-*ApoE*3 和 GFAP-*ApoE*4 转基因小鼠的 24 h 和 1 h 间隔任务中，测量了这些小鼠的学习记忆能力。数据用均值 ± SEM 表示；ApoE3/3，$n=7$；ApoE4/4，$n=6$。

2. 蛋白质谱结果

突触体经过质谱鉴定和生物信息学分析，共有 38 种蛋白在 *ApoE*4 转基因小鼠中明显表达下调(图 6-16,彩图 4)。这 38 种蛋白主要参与影响神经退行性疾病发病、氧化磷酸化、三羧酸循环等病理或生理过程。

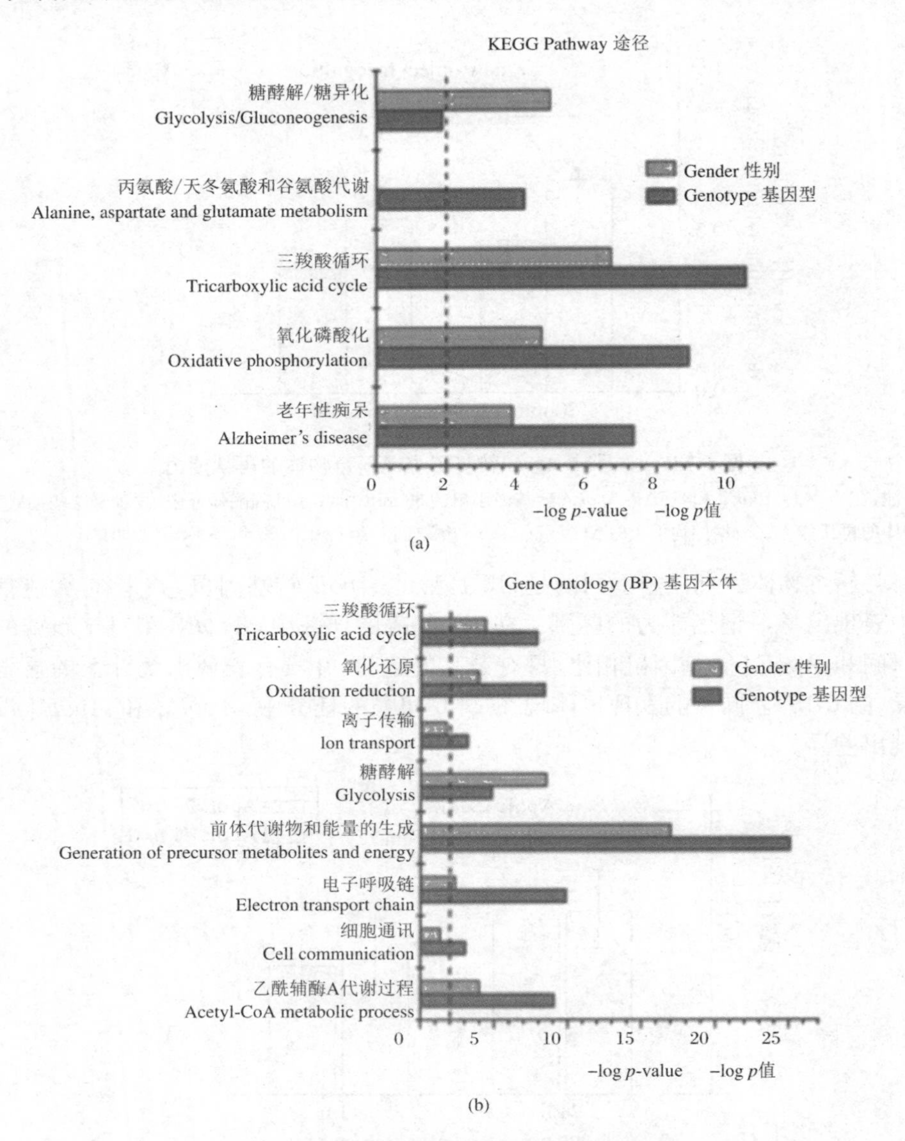

图 6-16 突触体蛋白表达的蛋白质组学分析

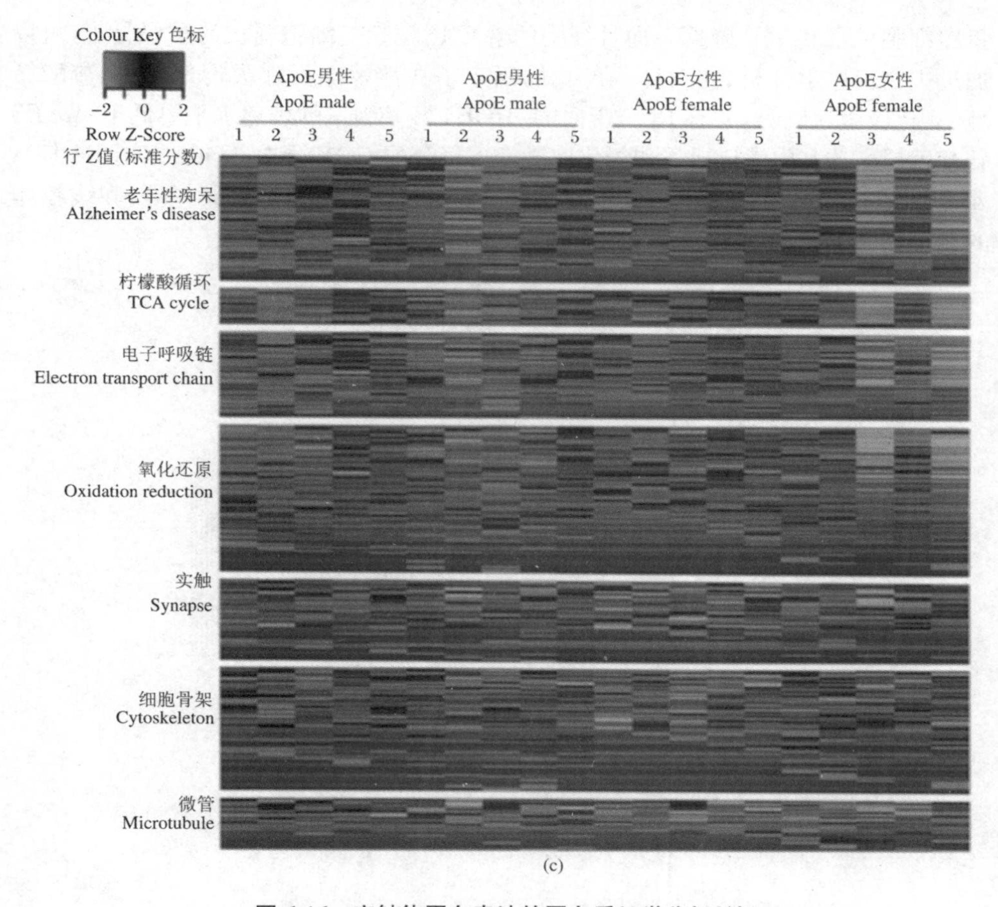

图 6-16　突触体蛋白表达的蛋白质组学分析(续)

注:(a)、(b)基于 KEGG 途径和生物过程的差异调控蛋白(基因型或性别依赖性)的 KEGG 和 GO 分析。虚线表示在 $p=0.01$ 水平上有统计学意义。(c) 在 4 组小鼠中,改变的蛋白质丰度的复合热图通过 z 评分进行归一化。每组小鼠的 167 个蛋白质的相对 z 分数($n=5$)也并排显示。绿色和红色代表的蛋白质的丰度分别低于平均值和高于平均值。z 分数为 0 表示蛋白质丰度等于所有样本中该蛋白质的平均值。ApoE4 雌性组中 TCA、ETC、氧化还原和 AD 类别的通路(绿色)显著减少。

有趣的是,在所有(20 只)小鼠中检测到的 1043 个突触体蛋白中,有 81 个受到 *ApoE* 基因型、性别或两者的显著影响(图 6-16)。在这 81 个蛋白中,53 个(65.4%)在 *ApoE* 基因型之间存在显著差异,44 个(54.3%)存在性别差异,19 个(23.5%)受到两个变量的显著影响。在 53 个 *ApoE* 基因型依赖蛋白中,*ApoE*4 小鼠中有 32 个(60.4%)显著降低,21 个(39.6%)显著升高。在性别依赖蛋白中,雌性小鼠中有 43 个(97.7%)显著降低,只有谷胱甘肽 S-转移酶 Mu1(GSTM1)的表达增加。

经过 KEGG Pathway 的分析,我们发现在 AD 发病通路中,*ApoE*4 转基因鼠低表达的蛋白主要集中在线粒体的电子呼吸传递链上。同时作为传递电子的重要蛋白细胞色素C表达降低。而且细胞色素C还是参与细胞凋亡的重要分子，可以通过生物信息学分析、比对序列。我们确定了在涉及电子呼吸传递链、三羧酸循环、氧化应激这三类，共有13个蛋白的*ApoE*4转基因鼠的表达水平要低于*ApoE*3转基因鼠。这其中就包括了和氧化应激密不可分的COX蛋白、SOD2等(图6-17)。*ApoE*4表达降低的蛋白主要集中在这些方面也提示了我们*ApoE*基因和线粒体的有着极其紧密的联系。

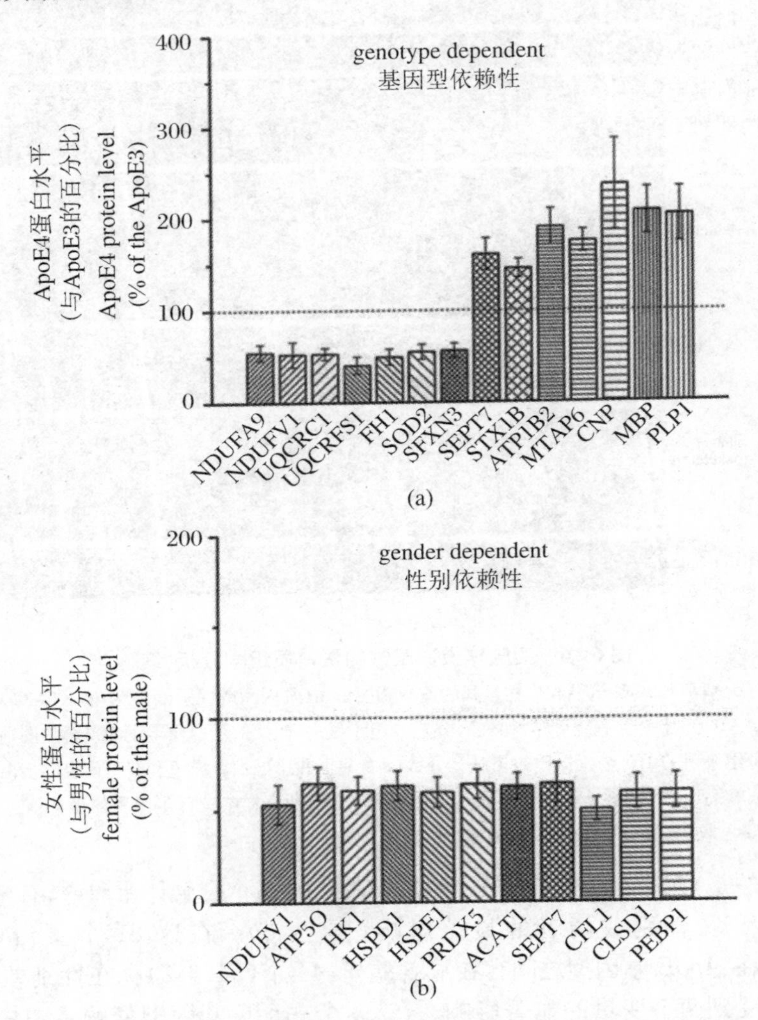

图6-17　突触体蛋白亚群的表达模式差异显著($p<0.01$,比值>1.5)

注：(a)与*ApoE*3小鼠相比，从SFXN3到左侧，*ApoE*4小鼠的蛋白水平明显降低；从SEPT7到右侧，*ApoE*4小鼠的蛋白水平显著升高。*ApoE*4小鼠的每个蛋白水平值($n=10$)均归一化为*ApoE*3小鼠的该蛋白含量的平均值($n=10$)。(b)与雄性小鼠相比，雌性小鼠的蛋白质水平显著降低。雌性小鼠的每个蛋白质水平值($n=10$)都被归一化为雄性小鼠的蛋白质含量的平均值($n=10$)。虚线表示对照组(*ApoE*3或男性组)的相对蛋白水平。数值以平均值±标准误表示。

氧化应激通常描述这样的一种状态：体内不断产生的氧自由基，而体内有一套清除自由基的防御体系，两者在功能上存在着一种动态平衡，但这个平衡被打破，氧自由基不断积累，攻击机体，如此的一种状态称为氧化应激。还原型谷胱甘肽(GSH)和氧化型谷胱甘肽(GSSG)在氧化应激防御体系中发挥了重要作用，通常被用作氧化应激的指示器。在 13 月龄的 *ApoE* 转基因鼠上，未发现有明显的 GSH 水平差异。但是，在 GSSG 水平上，*ApoE*4 转基因鼠要高于 *ApoE*3 转基因鼠(图 6-18)。接下来，我们进一步地统计了 GSH/GSSG 比率，这通常被认为是衡量谷氧化还原蛋白系统最重要的一个指标。*ApoE*3 型的比率要高于 *ApoE*4 型(图 6-18)。下降的 GSH/GSSG 比率意味着 *ApoE*4 转基因鼠的氧化应激更严重。

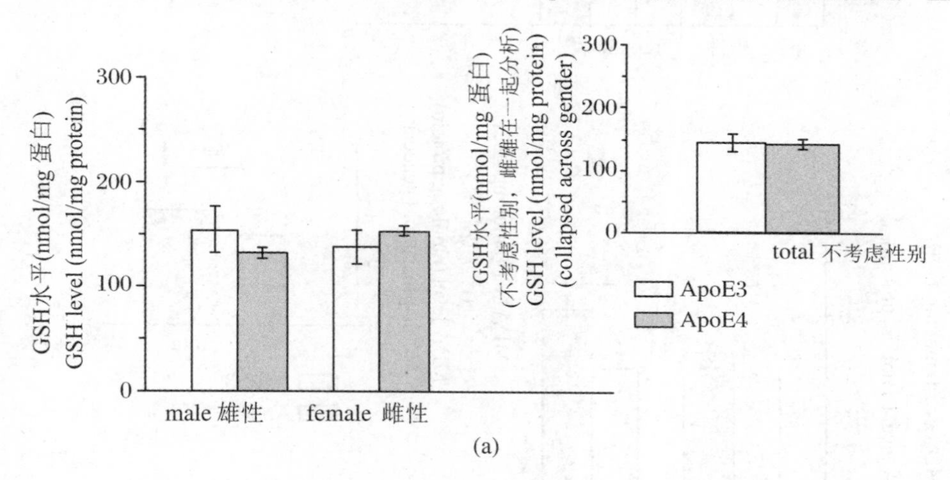

(a)

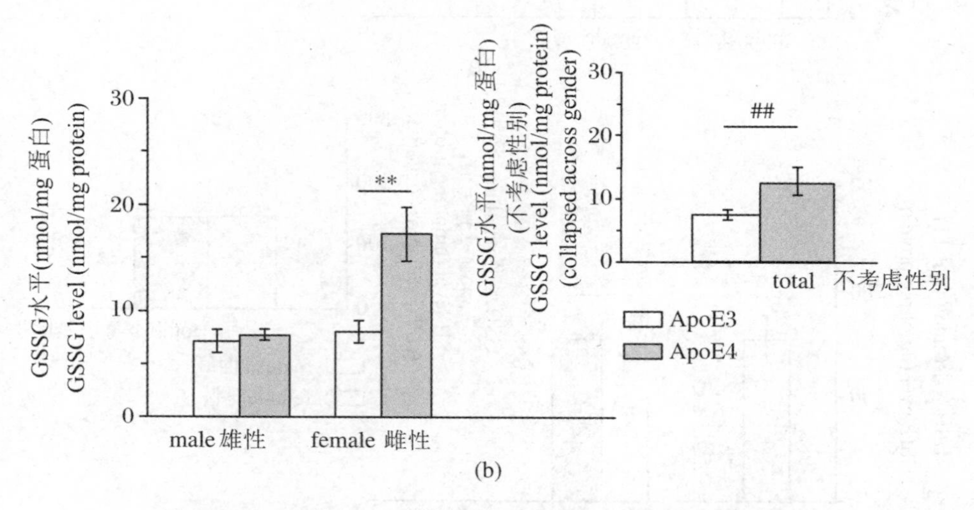

(b)

图 6-18　13 月龄 *ApoE* 转基因小鼠大脑皮层中的氧化应激水平

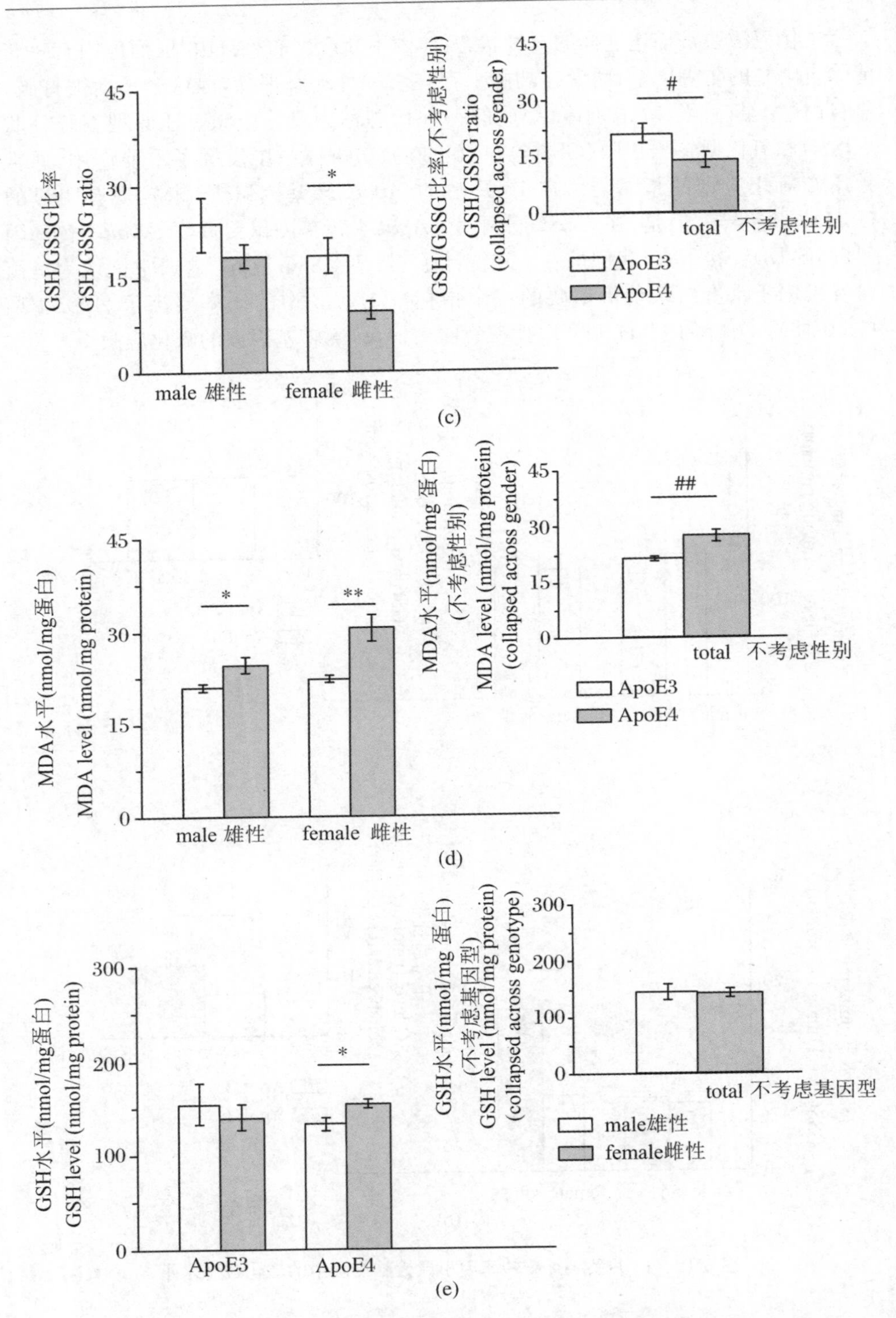

图 6-18　13 月龄 *ApoE* 转基因小鼠大脑皮层中的氧化应激水平(续)

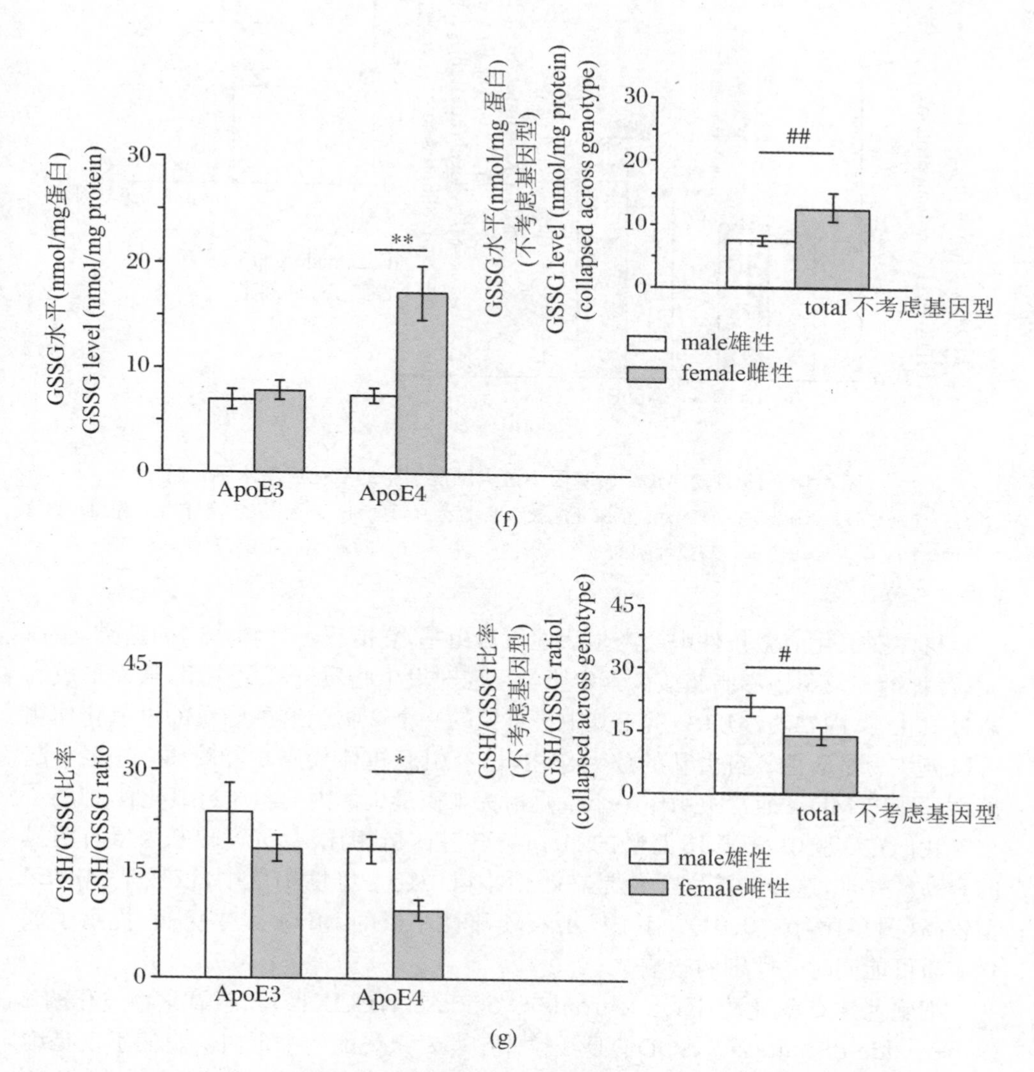

图 6-18　13 月龄 *ApoE* 转基因小鼠大脑皮层中的氧化应激水平(续)

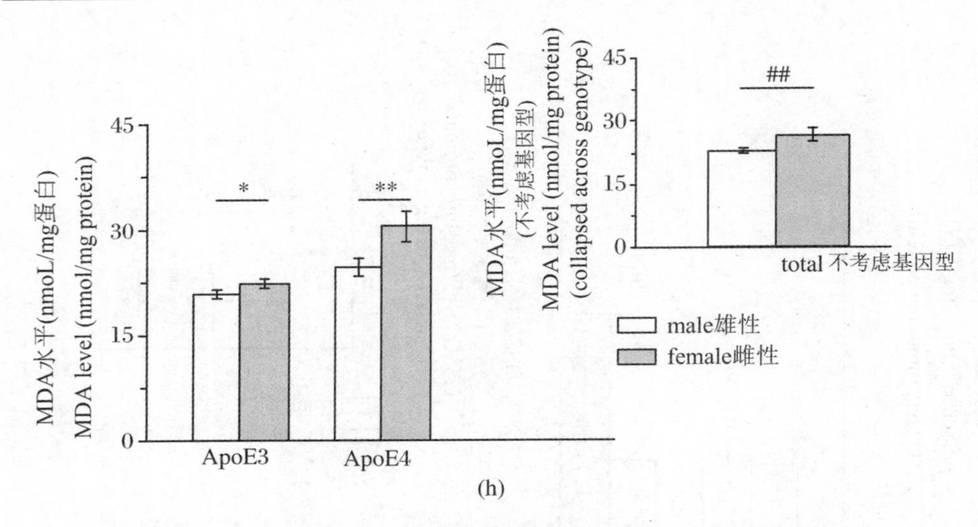

图 6-18　13 月龄 *ApoE* 转基因小鼠大脑皮层中的氧化应激水平(续)

注:(a)～(h)显示了跨基因型或性别的氧化应激水平,因为基因型和性别因素之间没有相互作用。数值以均值±标准误表示;每个基因型或性别的 $n=5$;t 检验:* $p<0.05$,** $p<0.01$;双向方差分析:# $p<0.05$,## $p<0.01$。

机体在氧化应激条件中会产生活性氧自由基,它能攻击生物体内的糖类、蛋白质、各种饱和及不饱和脂肪酸。其中脂类反应时发生脂质过氧化作用,从而形成脂质过氧化物,丙二醛(MDA)就是其中最重要的一个产物。这种脂质的过氧化作用可以被认为是活性氧自由基的放大作用,已经引起机体代谢功能障碍,甚至引起凋亡。所以 MDA 通常被用作一个重要指标来衡量机体内的脂质过氧化程度。

我们在实验中发现,13 月龄的 *ApoE*4 转基因鼠相比 *ApoE*3 转基因鼠有明显的升高。并且,这样的差别无论是在雌性小鼠中还是雄性小鼠中,依然是 *ApoE*4 型较高(图 6-18,$p<0.01$)。其中,*ApoE*4 雌性小鼠的 MDA 水平更高,提示了氧化应激可能同时受性别的影响。

细胞色素 C 氧化酶 4(cytochrome C oxidase 4,COXⅣ)和超氧化物歧化酶 2(superoxide dismutase 2,SOD2)是线粒体中非常重要的两个蛋白。它们不仅是维持线粒体功能的主要部分,而且在氧化应激中也发挥了重要作用,它们可以有效地维持活性氧自由基产生和消除这个平衡。我们发现,不管是 SOD2 还是 COXⅣ,13 个月大的 *ApoE*4 转基因鼠相比 *ApoE*3 转基因鼠都有明显的降低(图 6-19)。并且这种水平差异存在性别的差异性,在雄性 *ApoE* 转基因鼠中,*ApoE*4 型的 SOD2 和细胞色素 C 氧化酶 4(COXⅣ)水平显著低于 *ApoE*3 型。但是这样的变化趋势在雌性 *ApoE* 转基因鼠中却没有被观察到。雌性 *ApoE*4 转基因鼠相对于 *ApoE*3 型,仅有下降的趋势,没有统计学上的显著性差异。

进一步地,我们考虑性别因素,分析了这两种蛋白在不同性别情况下的表达。我们发现在 *ApoE*3 转基因鼠中,雄性的小鼠相比雌性小鼠,SOD2 和 COXⅣ 蛋白表达水平较低。而在 *ApoE*4 转基因小鼠中，无论是 SOD2 还是 COXⅣ，雄性和雌性，没有发现性别因素对于这两种蛋白表达的影响。我们做了双因素分析，发现对于 SOD2 和 COXⅣ来说，发现性别和基因型对于 SOD2 和 COXⅣ的表达有影响，但是两者之间并不存在一种交互作用。

为了验证这种基于基因型的氧化应激状态的改变是不是由于 ApoE 自身表达变化引起的，我们检测了 ApoE 蛋白水平和 mRNA 水平的变化。我们发现在蛋白水平和 mRNA 水平上，13 个月的 *ApoE* 转基因鼠并没有体现出明显的变化。在考虑了性别因素以后，依然没有发现基于性别基础上的表达差异。这说明在 13 个月的 *ApoE* 转基因小鼠中整体 ApoE 表达水平是一致的。

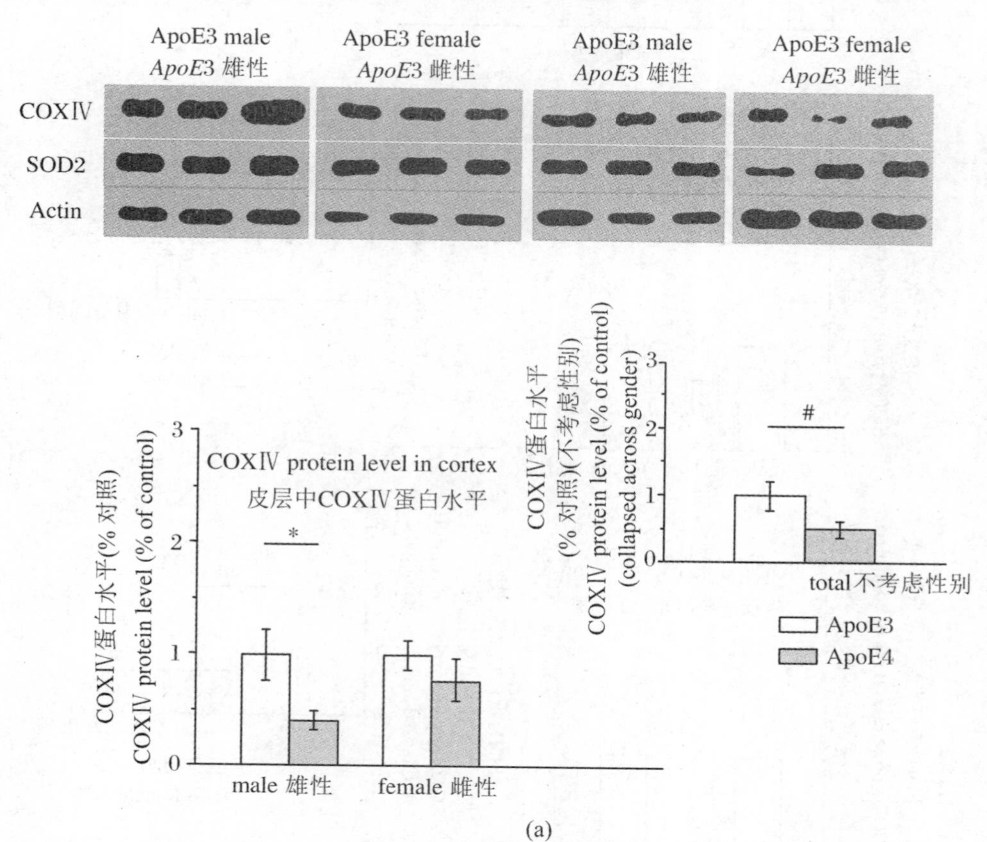

(a)

图 6-19　*ApoE* 转基因小鼠大脑皮层中 COXⅣ和 SOD2 的表达

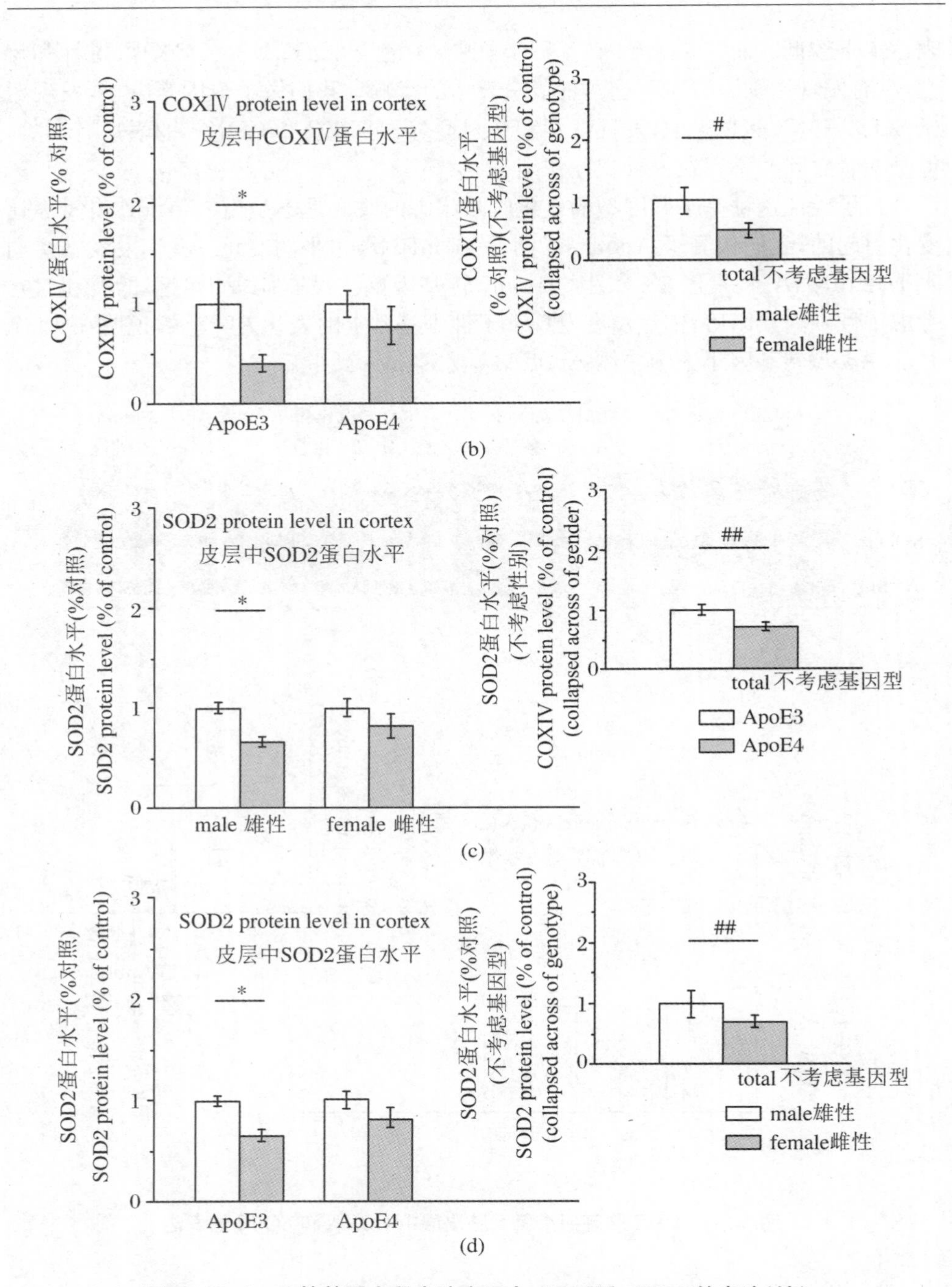

图 6-19　*ApoE* 转基因小鼠大脑皮层中 COXⅣ和 SOD2 的表达(续)

注:*ApoE*4 小鼠的 COXⅣ和 SOD2 蛋白水平显著低于 *ApoE*3 小鼠。(b)~(d)雌性小鼠的 COXⅣ和 SOD2 水平也显著低于雄性小鼠。插图显示了通过基因型或性别来评估的蛋白质水平,因为基因型和性别因素之间没有相互作用。数值表示为平均值±标准误;每个基因型或性别的 $n=5$; * $p<0.05$;双向方差分析: * $p<0.05$, * * $p<0.01$。

我们进一步利用了 Q-PCR 的方法检测了相关基因的表达。通过氧化应激的检测我们发现了 *ApoE*3 和 *ApoE*4 转基因鼠在氧化应激水平上有着明显差异，特别是谷胱甘肽氧化还原系统。GPX1（glutathione peroxidase 1）、GPX4（glutathione peroxidase 4）和 GLR（glutathione reductase）是催化谷胱甘肽在氧化型和还原型之间的一种重要催化酶。GPX 家族有很多种亚型，其中 GPX1 是一种广泛表达的，存在于各种组织细胞中；而 GPX4 在脑中高表达。我们并没有发现在 mRNA 水平上，GPX1、GPX4、GLR 三者未出现统计学意义上的明显差异。

COXⅣ、SOD2 和 GST1（glutathione S-transferase 1）是线粒体中涉及氧化应激和功能中的重要蛋白。然而 Q-PCR 的结果显示，13 月龄的 *ApoE*4 转基因鼠虽然有下降的趋势，然而却没有显著性的差异。特别值得一提的是，在蛋白质组学结果分析中，GST1 是仅有的一个蛋白水平 *ApoE*4 转基因鼠要高于 *ApoE*3 转基因鼠。然而在 mRNA 水平没有发现明显变化。

我们在先前行为学测验中发现了，相对于 *ApoE*3，13 月龄的 *ApoE*4 转基因小鼠表现出了一种学习认知功能的障碍[137]。因此，我们检测了 SYN1（synapsin 1）、PSD（postsynaptic density），SYNP（synaptophysin）、SNARE（soluble N-ethylmaleimide-sensitive factor attachment protein receptor proteins）在内的突触前，突触后相关重要蛋白的 mRNA 水平，这些蛋白在 *ApoE*3 和 *ApoE*4 转基因小鼠中的 mRNA 水平并没有明显变化。

为探讨 *ApoE* 基因型氧化应激反应性别差异的可能机制，我们测定了 *ApoE* 转基因小鼠皮质局部雌二醇水平。结果显示，与 *ApoE*3 小鼠相比，*ApoE*4 小鼠的皮质中雌激素水平呈下降趋势，而在血清中没有下降趋势[图 6-20(a)，$p=0.06$]。重要的是，与 *ApoE*3 雌性小鼠相比，*ApoE*4 雌性小鼠雌激素水平显著降低[图 6-20(b)，$p<0.05$]，而两种 *ApoE* 基因型在雄性皮层中没有差异。令人惊讶的是，与 *ApoE*3 小鼠相比，*ApoE*4 小鼠皮层中芳香化酶的表达水平显著上调，特别是在雌性小鼠中[图 6-20(c)，$p<0.05$]。

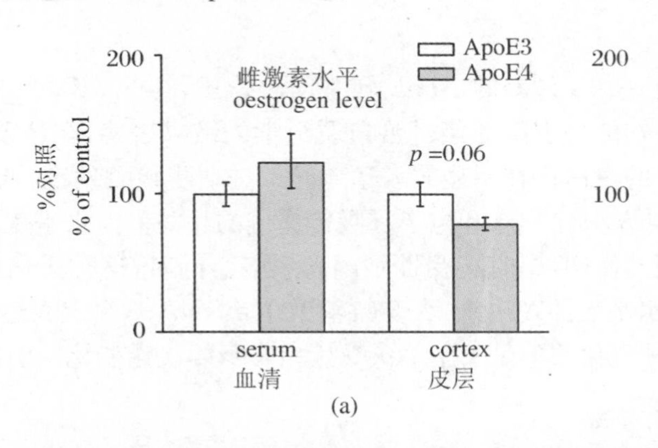

图 6-20　13 月龄的 *ApoE* 转基因小鼠大脑皮层中的雌激素水平

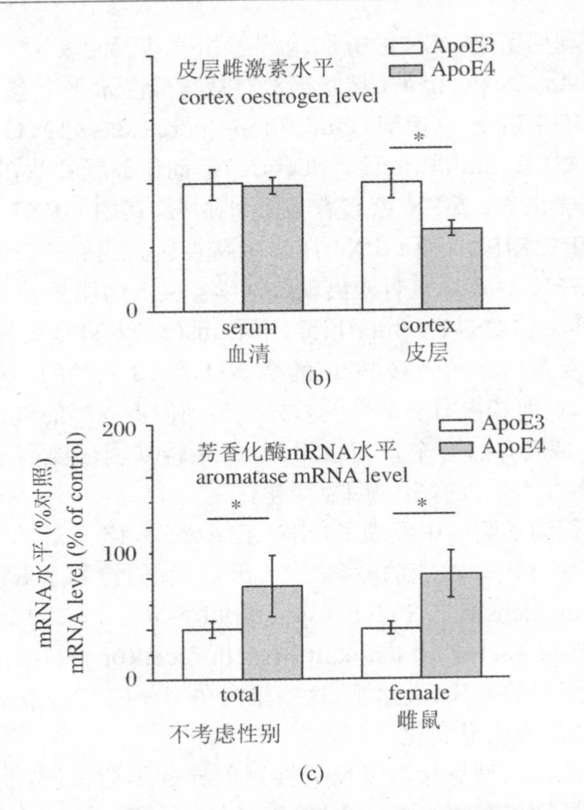

图 6-20　13 月龄的 *ApoE* 转基因小鼠大脑皮层中的雌激素水平

注：(a) *ApoE* 基因型对大脑皮层雌激素水平的影响高于血清。与 *ApoE*3 雌性小鼠相比，*ApoE*4 小鼠大脑皮层中的(b)雌激素水平显著降低。(c)在 *ApoE*4 小鼠的皮层中，芳香化酶 mRNA 水平有显著的代偿性升高，特别是在雌性小鼠中。数值以平均值±标准误；t 检验：* $p<0.05$；$n=9\sim11$/组。

（三）讨论

本研究发现，在 13 月龄的 *ApoE* 转基因小鼠中，与 *ApoE*3 相比，*ApoE*4 转基因小鼠的学习认知能力下降。经过蛋白质组学的结果表明，在涉及氧化应激和电子呼吸传递链上的蛋白存在明显的表达差异。进一步检测发现，*ApoE*4 氧化应激指标显著提高，涉及氧化应激和电子呼吸传递链的相关蛋白水平表达下降，并且这种依赖于基因型的作用，同时还受性别因素影响。同时，这种蛋白水平的变化，并没有在 mRNA 水平上体现出来，大多数基因在 mRNA 水平上表达没有明显差异。实验还表明，这种变化并不是由于 ApoE 蛋白自身的表达变化所引起的。

1. 关于动物模型

ApoE 作为 AD 发病中的重要风险因子，已经得到许多临床病学调查和研究的证明。*ApoE* 转基因小鼠作为 AD 研究中的一种模型鼠，被广泛地使用。特别是 GFAP-*ApoE* 转基因小鼠。虽然近年来的研究表明，神经元也可以分泌表达 ApoE 蛋白，但是脑中最重要的来源依然是以星形胶质细胞为主的神经胶质细胞。氧化应激作为机体内的一种不稳定状态，实际上是一种慢性的过程，随着活性氧自由基的不断积累，攻击各种脂类、糖类和蛋白质，导致一种线粒体呈现功能损伤的状态。所以我们采用了 13 月龄的老年 ApoE 转基因小鼠作为实验模型，来研究不同的 *ApoE* 基因型对于氧化应激的影响。

2．*ApoE*4 转基因小鼠行为学改变

我们采用了新奇物体识别和 Y 迷宫两个任务作为衡量 13 月龄 *ApoE* 转基因小鼠学习认知能力的指标。未采用水迷宫实验基于以下一些原因：水迷宫实验对动物的体力消耗太大，体温降低过多，影响了实验动物的正常代谢进程，可能会对氧化应激相关指标产生影响。老鼠在水中应激会引起内分泌激素或其他应激效应，也会影响实验结果。传统的旱迷宫多采用电击刺激或者食物线索，实验前要经过断水、断食处理，也同样不太适用于氧化应激这样以代谢为基础的生理指标。所以我们采用了新奇物体识别和以选择臂为条件的 Y 迷宫。对实验动物本身没有任何应激刺激，条件温和。

在新奇物体认知实验中，13 月龄 *ApoE*4 转基因小鼠表现出了认知学习功能上的障碍，对于短时间间隔 30 min 和 60 min，在新物体上花费的时间明显要低于 *ApoE*3 型。当间隔时间到达 24 h，则没有明显变化。这说明短期记忆能力 13 月龄的 *ApoE* 转基因小鼠中已经产生了差异。

Y 迷宫任务中，实际上考察的是小鼠的空间记忆能力，小鼠通过空间线索来完成新臂和旧臂的选择。此外在 Y 迷宫任务中也包含小鼠的自发性选择行为。我们发现在 13 月龄的 *ApoE* 转基因小鼠中，无论是 1 h 的短时程间隔，还是 24 h 的长时程间隔，*ApoE*3 型和 *ApoE*4 型在新臂和旧臂所花费的时间均没有显著性的差别。

总体而言，在 13 月龄的 *ApoE*4 转基因鼠上，已经出现短时程的学习认知能力障碍。而对于空间记忆能力和自主选择性行为上却没有发现明显的区别。这种基因型造成的认知障碍也和之前许多研究报道的一致。

3．关于 13 月龄 *ApoE* 转基因鼠的蛋白质组学研究

在行为学实验中，我们观察到了 *ApoE* 转基因鼠表现出了基于基因型的学习认知能力差异。因此我们用 percoll 离心的方法分离了 13 月龄 *ApoE* 转基因鼠皮层组织的突触体和非突触线粒体，作为蛋白质组学分析的目标。Western Blotting 的结果显示，我们采用的离心方法有很好的分离效果，保证了分离部分的纯度，证明了其可靠性。

将分离的突触体经过质谱检测，并用生物信息学的方法进行了分析。我们发现相比 *ApoE*3 转基因鼠，*ApoE*4 型共有 38 种蛋白有一个下降的表达。这些蛋白经过分析后发现主要集中 AD 发病相关蛋白、三羧酸循环相关蛋白和氧化应激相关蛋白这几大类。进一步地，在 KEGG pathway 图中，我们可以看出，集中在线粒体膜上的 COX 家族蛋白和细胞色素 C 有着明显差异，它们是构成线粒体膜上电子呼吸传递链的重要组成部分。我们知道电子呼吸传递链是线粒体膜上最重要的功能单位，它们通过传递电子和质子，产生 ATP，供给细胞生存所必需的基本能量。当线粒体膜上的电子呼吸传递链出现问题时，电子外泄，产生活性氧自由基(ROS)，而 ROS 可以攻击糖类、脂肪、蛋白质等分子，造成过氧化作用，从而导致了氧化应激。以上结果提示，可能是由于这些蛋白的表达差异，影响了突触线粒体的功能，从而导致突触整体的机能障碍，最终影响小鼠的学习认知能力。据报道，ApoE4 片段可以和线粒体膜结合，这种结合很可能就是影响线粒体功能的重要原因，从而导致膜上的电子呼吸传递链的破坏，进一步影响相关蛋白的表达。

定量分析显示，包括了 8 种电子呼吸传递链相关蛋白、3 种三羧酸循环相关蛋白、2 种氧化应激蛋白，这些蛋白都明显地在 *ApoE*4 转基因鼠中表达下降，其中 COX 和 SOD2 都被认为是在氧化应激中起着关键作用的蛋白质。

总的来说，蛋白质组学的结果显示，与 *ApoE*3 相比，13 月龄的 *ApoE*4 转基因小鼠中多个蛋白均显示低水平表达，并且这些蛋白多为线粒体上与电子呼吸传递链和氧化应激功能相关的。这提示我们，*ApoE* 基因型所引起的线粒体功能损伤、氧化应激水平提高可能是造成转基因鼠学习认知能力障碍乃至 AD 发病的一个重要原因。

4. 13 月龄 *ApoE* 转基因小鼠氧化应激水平

蛋白质组学结果很自然地把我们的研究方向指向了氧化应激。氧化应激是一种非稳定的状态，自由基的产生和消除是它的核心内容。我们首先检测了 13 月龄 *ApoE* 转基因鼠的谷胱甘肽系统。还原型的谷胱甘肽和氧化型的谷胱甘肽通过过氧化酶和还原酶的作用互相转化，完成了清除自由基电子的步骤。相比较体内的另一个重要的硫氧化还原蛋白系统，它的特点是体内含量高，是硫氧化还原蛋白系统的 1000 倍。硫氧化还原蛋白系统主要是一种快速响应机制，不涉及酶催化反应，主要就是巯基的作用。而谷胱甘肽的缓冲能力更强，主要是应对一种长期慢性的氧化应激刺激，被认为是衡量氧化应激水平的一个重要标志。所以 13 月龄的 *ApoE* 转基因鼠是它一个更合适的检测目标。

我们检测了 13 月龄 *ApoE* 转基因鼠皮层的 GSH 和 GSSG 水平，以及 GSH/GSSG 比率。我们发现，对于 GSH 水平而言，*ApoE*4 转基因鼠和 *ApoE*3 转基因鼠相比并没有显著性差异。但是 GSSG 水平上，*ApoE*4 型远高于 *ApoE*3 型。这表明在 *ApoE*4 转基因鼠中，氧化应激水平较高，GSH 大量转化为 GSSG，用于清除自由基。而作为谷胱甘肽系统稳定性最重要指标的 GSH/GSSG 比率，*ApoE*4 转基因鼠也远高于 *ApoE*3，这也和蛋白质组学的结果一致。

ApoE 作为载脂蛋白，其最重要的生理功能是运输脂类。因此脂类的过氧化水平也是我们关注的目标。丙二醛（MDA）是脂类过氧化的重要中间产物。它是由活性氧自由基（ROS）攻击多不饱和脂肪酸生成的，被认为是体内衡量脂类过氧化的标志物。在 13 个月的 *ApoE* 转基因小鼠大脑皮层组织中，*ApoE*4 型的 MDA 显著高于 *ApoE*3 型，这表示 *ApoE*4 转基因鼠的脂类过氧化水平要远高于 *ApoE*3 型。这也间接提示我们，在 *ApoE*4 转基因鼠中生物分子承受了更多的活性氧自由基的攻击。

综上所述，与蛋白质组学的结果一致，我们可以看出 13 个月的 *ApoE*4 转基因鼠其氧化应激水平要高于 *ApoE*3 型。这种高的氧化应激水平体现在其清除自由基的能力下降（谷胱甘肽系统的下调）和体内自由基产物的积累过程中（MDA 水平的上调）。这种依赖于基因型的差异，可能在 AD 发病和学习认知能力障碍中起着重要的作用。

5．13 月龄 ApoE4 转基因鼠抗氧化应激相关蛋白

为了进一步验证蛋白质组学的结果，我们选择了其中 2 个重要的蛋白 COXⅣ和 SOD2 作为靶点，检测其蛋白水平的表达是否和蛋白质组学一致。COXⅣ是线粒体膜上电子呼吸传递链上复合物的一个重要亚基，它是维持电子呼吸传递链功能的一个重要单位。而 SOD 家族蛋白的功能是直接和超氧化物反应，直接清除活性氧自由基，SOD2 在线粒体内有着很高的含量。它们两者也可以间接地反映氧化应激水平。

在 13 个月的 *ApoE* 转基因鼠皮层中，*ApoE*4 转基因小鼠的 COXⅣ和 SOD2 水平都要低于 *ApoE*3 型，这也符合了我们之前蛋白质组学的结果。质谱分析的结果也显示，在 *ApoE*4 转基因鼠中的 SOD2 和 COX 蛋白水平要低于 *ApoE*3 型。

Western Blotting 的结果可以从两个角度说明 *ApoE*4 型氧化应激水平较高的原因。一方面，COXⅣ表达水平下降，线粒体膜上电子呼吸传递链功能受损，更容易产生活性氧自由基。另一方面，SOD2 表达水平也下降，产生的自由基无法被很好地清除，自由基不断积累。通过两者的共同作用，导致了 *ApoE*4 转基因鼠相比 *ApoE*3 型有一个高的氧化应激水平。

6．13 月龄 *ApoE* 转基因鼠的相关基因 mRNA 表达水平

mRNA 水平和蛋白水平一样，也是衡量基因表达的一个部分。蛋白质组学和 Western Blotting 结果都证明了 *ApoE*4 转基因鼠在氧化应激相关的蛋白水平有明显的降低，我们也相应地检测了包括氧化应激、突触以及 ApoE 通路等一系列相关基因的 mRNA 水平。

GPX1、GPX4 和 GSR (glutathione reductase)是还原型谷胱甘肽和氧化型谷胱甘肽相互转化所不可或缺的重要酶。在 mRNA 水平上,我们并没有观察到这三种酶在 *ApoE* 转基因鼠上有统计学上的表达差异。但 *ApoE*4 表现出的趋势,基本符合氧化应激水平。实际上一个酶催化反应涉及的条件很多,包括酶的活性、反应环境等,单一 mRNA 水平也不能评估整个酶催化反应的结果。

在 COXⅣ和 SOD2 的 mRNA 水平上,我们也没有观察到在 13 个月 *ApoE* 转基因鼠中不同基因型之间有表达差异。这提示我们 COXⅣ和 SOD2 可能并不是在转录水平引起的差异,而是通过蛋白质翻译或者修饰降解等途径导致了蛋白质水平的变化。

在行为学实验中,我们发现了 *ApoE*4 转基因鼠存在着短时程的认知功能障碍。突触作为一个神经细胞之间联系的一个基本结构单位,是构成大脑复杂功能的基础。所以我们检测了包括 SYN1、PSD、SYNP、SNARE 等在内的突触前、突触后以及突触囊泡运输相关蛋白的 mRNA 表达水平。这些突触相关蛋白的 mRNA 水平在 *ApoE*3 转基因鼠和 *ApoE*4 转基因鼠之间并没有明显差异。所以这可能意味着在 13 个月 *ApoE* 转基因鼠中发现的认知功能差异并不是由于突触相关蛋白在转录水平上调控所引起的。

13 个月 *ApoE* 转基因鼠的相关基因的 mRNA 水平均没有发现表达差异。这可能意味着,包括氧化应激以及学习认知功能障碍在内的机体异常,并不是受转录水平调控的。实际上氧化应激是一个机体慢性的积累过程,而转录水平调控的时间窗可能不足以影响如此一个长期变化,所以我们并未在 mRNA 水平上看到一些变化。

为了排除 13 个月的转基因鼠表现出的行为学以及体内生物分子表达的不同是由于 ApoE 蛋白自身的变化所引起的,我们同时检测了 *ApoE* 基因的 mRNA 水平和蛋白水平,我们发现在 13 个月的 *ApoE* 转基因鼠中,*ApoE* 基因自身的表达水平并不会由于 *ApoE* 本身基因型的不同而产生区别。所以说,并不是由于 ApoE 本身的表达水平差异而引起了转基因鼠生理功能上的变化。这提示我们,ApoE 可能是通过受体结合的信号通路传导,或者与线粒体结合,或者脂类运输维持细胞基本功能等方面影响了转基因鼠的生理变化。这也为我们未来深入研究 ApoE 的作用机制提供了一个很好的理论证据。

7. *ApoE* 基因型引起的生理变化同时受性别因素影响

我们在实验中发现 *ApoE* 基因型差异同时还受性别因素的影响。在氧化应激水平的检测中,*ApoE*3 转基因鼠的雌雄之间包括 GSH、GSSG、GSH/GSSG 在内的指标都未表现出差异。而在 *ApoE*4 转基因鼠中,雌性的 *ApoE*4 转基因鼠,氧化应激水平要高于雄性的 *ApoE*4 转基因鼠。从整体上来看,不考虑基因型的作用下,雌性转基因鼠的氧化应激水平要高于雄性转基因鼠。

同样的,这种影响也表现在蛋白水平上。*ApoE*3 转基因鼠中,雄性转基因鼠的 SOD2 和 COXⅣ水平要高于雌性转基因鼠。而从总体上考虑，雌性 *ApoE* 转基因鼠的 SOD2 和 COXⅣ表达要低于雄性 *ApoE* 转基因鼠，这个和氧化应激水平也是一致的。

性别的影响同时也体现在 mRNA 水平上。我们在 mRNA 水平检测中发现 SYN-B 在雌性的 *ApoE* 转基因鼠中表达较低。在雌性 *ApoE* 转基因小鼠中，*ApoE*4 转基因鼠的 Cyto-C 水平要低于 *ApoE*3 型。同时雌性 *ApoE* 转基因的 GPX1 水平也要高于雄性 *ApoE* 转基因鼠。

流行病学调查显示，年老的女性患上 AD 的风险更高。也有文献报道基于性别和 *ApoE* 基因型的认知障碍，这些研究都表明了 *ApoE* 基因型和性别差异之间存在着一定的联系。这提示我们，雌激素可能在 *ApoE* 基因型差异中发挥着重要作用。研究表明 *ApoE* 基因由于脂质运输的功能，运输胆固醇，为雌激素这样的甾醇激素合成提供了前体。这也提示我们 ApoE 和雌激素之间可能存在着紧密的联系，可以共同影响生理机能。在细胞实验中，基本的氧化应激水平，*ApoE*3 型和 *ApoE*4 型并不存在明显差异，这也间接地说明了氧化应激实际上是一种缓慢且长期的过程。当我们给 *ApoE* 基因稳转细胞系一个氧化应激刺激，*ApoE*4 型细胞耐受能力较差，氧化应激水平相比 *ApoE*3 型有明显的提高。但是当我们同时给予雌激素和氧化刺激以后，两者氧化应激水平就没有显著性差异了。

概括地说，在 13 个月的 *ApoE* 转基因鼠中，雌性、*ApoE*4 基因鼠都是影响氧化应激的重要因素，当两者同时存在时，转基因鼠更加的敏感，氧化应激的水平更高。虽然性别和基因型各自独立地影响氧化应激水平的高低，但是两者仍然存在一定联系，具体通过什么途径来实现仍然需要进一步研究。

8. 总结和展望

13 月龄的 *ApoE*4 转基因鼠表现出了一种学习认知功能上的障碍，并且氧化应激水平显著提高。蛋白质组学和 Western Blotting 的结果显示，氧化应激以及线粒体的相关蛋白水平表达明显降低。而这样表达水平的降低并不是由于转录水平调控所引起的，并且这种变化也不是由于 *ApoE* 基因自身表达差异造成的。由于 *ApoE*4 引起的突触线粒体损伤导致的氧化应激水平提高可能在 AD 发病机制和建立在突触基础的学习认知能力方面发挥了重要作用。而 ApoE 是通过怎样的一种通路或者机制去实现这些调控的，是我们下一步研究的重要目标。

性别因素和 *ApoE* 基因型同时影响氧化应激水平的提高，两者具体是怎样相互联系的，目前仍然没有一个定论。长期以来，由于雌激素对神经系统的保护作用，因此研究者对于 AD 患者采取的雌激素替代疗法始终没有一个好的效果。我们的研究结果可能从一个侧面回答这个问题，这提示我们在使用雌激素替代疗法的时候可能要同时考虑基因型的因素。

第四节　*ApoE* 影响松果体素水平参与老年性痴呆发病

如前所述,AD是一种慢性、进行性的神经系统变性疾病,主要表现为认知功能障碍。研究发现,老年人合成分泌松果体素(melatonin)的功能减退,AD患者的松果体素水平下降更为明显。有不少证据表明松果体素水平降低和生理节律紊乱与认知功能破坏明显相关,老年性痴呆(AD)患者血清松果体素较对照组分泌降低并且生理节律出现紊乱[130]。

据报道,每天给中年大鼠注射松果体素能使其腹腔的脂肪、血脂水平和血液中的胰岛素水平下降到年轻大鼠的水平,从而认为松果体细胞分泌的松果体素具有抗老化的作用。周江宁教授团队的研究也证实,脑脊液中松果体素水平的下降与AD密切相关,中年时期唾液中松果体素的昼夜节律也开始改变[131]。由于海马对衰老比较敏感,且其退变与老年性记忆减退有关,有研究显示,松果体素受体Mela在海马所有区域的锥体神经元中都有表达,并在神经病理学分级Braak Ⅴ和Ⅵ级(最严重)的老年性痴呆病人中出现明显的神经元阳性细胞数量和染色强度的增加。这与老年性痴呆病人脑脊液中松果体素水平下降的报道一致[132]。

研究显示,无论是在对照组还是在AD患者中均未观察到死后脑室内脑脊液松果体素水平的昼夜节律,但这可能是因为脑脊液标本来自于死后组织。一些研究显示AD患者夜间松果体素水平下降程度与患者智能损伤程度相关。关于痴呆患者血浆松果体素水平的研究结果并不一致。早期研究没有发现痴呆与老年人松果体的松果体素水平有差异,然而在AD患者观察到夜间血浆松果体素水平下降。另外,在衰老者与AD患者中发现松果体的松果素水平下降。关于松果体素水平研究的差异可能是因为样本年龄的差异、住院或院外病例的选择或者是因为痴呆的类型与严重性不同而造成。研究发现,AD患者脑室脑脊液松果体素水平明显降低,仅为年龄匹配的对照组成员水平的1/5。脑脊液松果体素水平下降与老年性痴呆(AD)患者昼夜节律总体紊乱一致,如睡眠-觉醒节律紊乱、体温节律紊乱以及休息-活动节律紊乱;并且,与衰老和老年性痴呆(AD)中SCN的退化一致。众所周知,Braak分期对老年性痴呆(AD)神经病理在脑内的发展阶段进行了较为全面的描述。根据该指标,老年性痴呆(AD)病程起始于颞叶。我们最近研究了脑脊液松果体素水平与不同皮层部位神经病理改变之间的关系,以期定量评估老年性痴呆(AD)患者颞叶皮层神经病理严重程度。结果发现:Braak分期和改良的Braak贫苦均与松果体素的水平呈负相关,并发现老年对照组的颞叶皮层早期神经原纤维缠结和老年斑为老年对照组水平的1/7～1/3。老年对照组的额叶、顶叶和枕叶皮层均未见到上述相关。该结果提示衰老者和 AD 患者的松果体素水平降低可能使脑内某些易感部位在自由基、β 淀粉样肽和其他毒性物质作用下产生的神经病理学改变；脑脊液松果体素水平降低可能是 AD 发病过程的早期事件，可以发生于任何临床症状表现之前。

近年来，吴颖慧等报道了 AD 患者松果体素水平下降的分子机制[133]。在松果体素合成及代谢的通路上，由于色氨酸羟化酶（TPH）mRNA 水平下降，导致松果体素合成的前体物质 5-羟色胺（5-HT）合成下降。而由于代谢旁路单胺氧化酶 A（MAOA）mRNA 水平的升高，松果体素合成的前体物质 5-羟色胺主要往合成5-羟吲哚乙酸（5-HIAA）的方向发展，而由 5-羟色胺到松果体素合成的主要通路上，松果体素合成的水平则随之下降了。实验中还发现，AD 患者由于松果体素水平的下降而引起松果体素的节律消失。并且，老年性痴呆（AD）患者 β-肾上腺素受体 mRNA 水平的节律也消失了。

我们近年来的研究还显示 *ApoE* 基因型与 AD 明显相关。我们的研究发现具有 *ApoE*-ε3/ε4 基因型患者的脑脊液松果体素水平明显高于基因型为 *ApoE*-ε4/ε4 的患者，再次提示松果体素水平与 AD 的体征与症状相关[134]。许多实验结果都表明，*ApoE* 基因型和老年痴呆之间有着密切的联系，并且在发病过程中具有基因-剂量效应。在 AD 的病理过程中，不同细胞来源的 ApoE 似乎有不同的作用。神经元来源的 ApoE3 和 ApoE4 对 Tau 蛋白的磷酸化、溶酶体的泄漏、神经的退化和认知功能的降低有不同的作用；而星形胶质细胞来源的 ApoE3 和 ApoE4 则与 Aβ 的产生、聚集和清除以及和胆固醇的代谢有关。然而，不同 *ApoE* 基因型在 AD 疾病中所起的作用并不清楚。

一、材料和方法

（一）所用试剂

大鼠胶质瘤细胞系（C6）购于 ATCC。细胞培养基（dubucco's modified eagle's medium，DMEM）和胎牛血清（fetal bovine serum，FBS）购于 Gibco 生物公司。缓冲液 4-羟乙基哌嗪乙磺酸（HEPES）、谷氨酰胺（L-glutamine）、青霉素（penicillin）、链霉素（streptomycin）、和抗 N-乙酰基转移酶（anti-serotonin N-acetyltransferase N-terminal）购于 Sigma-Aldrich 公司。单克隆鼠抗 α-Tubulin（Monoclonal mouse anti-α-Tubulin）购于 Santa Cruze 生物公司。羊抗人 ApoE 抗体（goat anti-human ApoE antibody）购于 Calbiochem 生物公司。HRP 标记的兔抗羊免疫球蛋白（HRP conjugated rabbit anti-goat IgG）和 HRP 标记的兔抗小鼠免疫球蛋白（HRP conjugated rabbit anti-mouse IgG）购于 DAKO 公司。HRP 标记的羊抗兔免疫球

蛋白(HRP conjugated goat anti-rabbit IgG)购于Promega公司。褪黑素放射免疫检测试剂盒(Melatonin Research RIA kit)购于Labor Diagnostika Nord (LDN,德国)公司。预染色蛋白分子量标记(Prestained protein molecular weight marker)购于Fermentas公司,免疫印迹化学发光检测试剂盒(the ECL chemiluminescence detection kit for western blots)购于Amersham Life science公司。

(二) 细胞培养

1. 复苏细胞

将含有1 mL大鼠胶质瘤细胞系(C6 cell line)细胞悬液的冻存管在37 ℃水浴中迅速摇晃解冻,加入4 mL培养基混合均匀。在1000 r/min条件下离心4 min,弃去上清液,补加1～2 mL完全培养基[DMEM,10%胎牛血清,55 μg/mL丙酮酸钠,2 mmol/L谷氨酰胺(L-glutamine),25 mmol/L HEPES,4 mg/mL葡萄糖,100 units/mL青霉素,0.1 mg/L链霉素]后吹匀。然后将所有细胞悬液加入培养瓶中培养过夜(或将细胞悬液加入10 cm皿中,加入约8 mL培养基,培养过夜)。第二天换液并检查细胞密度。

2. 细胞传代

如果大鼠胶质瘤细胞系细胞密度达80%～90%,即可进行传代培养。

(1) 弃去培养上清,用不含钙离子、镁离子的PBS润洗细胞1～2次。

(2) 加2 mL消化液(0.25%胰蛋白酶-0.53 mmol/L EDTA)于培养瓶中,置于37 ℃培养箱中消化1～2 min,然后在显微镜下观察细胞消化情况,若细胞大部分变圆并脱落,迅速拿回操作台,轻敲几下培养瓶后加少量培养基终止消化。

(3) 按6～8 mL/瓶补加培养基,轻轻打匀后吸出,在1000 r/min条件下离心4 min,弃去上清液,补加1～2 mL培养液后吹匀。

(4) 收到细胞后首次传代推荐将细胞悬液按1∶2的比例分到新的含6 mL培养基的新皿中或者瓶中,建议冻存一支备用,后续传代根据实际情况按1∶2到1∶5的比例进行。

(三) 筛选稳定表达人*ApoE*2、*ApoE*3、*ApoE*4和对照N1的大鼠胶质瘤细胞系C6

*ApoE*2-EGFP、*ApoE*3-EGFP、*ApoE*4-EGFP质粒由杜克大学医学中心(Duke University Medical Center)的Dekroon博士所赠。使用Lipofectamine 2000将*ApoE*2-EGFP、*ApoE*3-EGFP、*ApoE*4-EGFP质粒和对照N1-EGFP质粒分别转染

入大鼠胶质瘤细胞系 C6,筛选出稳定表达不同 *ApoE* 的 C6 细胞(G418 600 μg/mL)。各个稳定表达 *ApoE* 的细胞(*ApoE*2、*ApoE*3、*ApoE*4 和对照 N1)中 *ApoE* 的表达量是一致的。

(四) 免疫细胞化学(ICC)

所用材料为稳定表达不同 *ApoE*(*ApoE*2-EGFP、*ApoE*3-EGFP、*ApoE*4-EGFP 和对照 N1-EGFP)的 C6 细胞,目的是用抗人(anti-human)ApoE 抗体检测不同稳转细胞系中 *ApoE* 的表达。实验步骤按照以前文献中报道的内容进行。

(1) 4%多聚甲醛常温固定 15 min。

(2) TBS 溶液洗 3 次,每次 10 min。

(3) 1%triton/0.3%H_2O_2/TBS 避光温育 30 min。

(4) TBS 溶液洗 3 次,每次 10 min。

(5) 5%马血清 37 ℃封闭 60 min。

(6) 一抗(羊抗人 ApoE,1∶4000,用 5%马血清配制)先 37 ℃温育 60 min,后放入 4 ℃冰箱中过夜。

(7) TBS 溶液洗 3 次,每次 10 min。

(8) HRP 标记的兔抗羊(HRP-rabbit anti-goat,1∶1000)37 ℃温育 60 min。

(9) TBS 溶液洗 3 次,每次 10 min。

(10) 中性树胶封片。

(五) Western Blotting

(1) 收集不同稳转细胞系中的细胞蛋白。

① 当细胞密度到达 10^6,用冷 PBS 洗 2 次;

② 0.025%的胰酶 37 ℃消化 5 min;

③ 用 10%胎牛血清中止;

④ 4 ℃,7200 r/min 离心 10 min;

⑤ 弃上清,将细胞沉淀放到预冷的细胞裂解液中裂解 30 min;

⑥ 4 ℃,12000 r/min 离心 15 min;

⑦ 收集裂解后的上清,加等量的 2× 上样 buffer,均匀混合;

⑧ 沸水煮 10 min,后置于 −20 ℃环境中备用。

(2) 蛋白经上样,电泳,转膜,封闭,孵育一抗(兔抗-NAT,1∶2000)和二抗(HRP 标记的兔抗羊,1∶2000),ECL 显色。

二、统计分析

相关实验数据用 t 检验进行统计分析。预期值用平均值 ± 标准误来表示。当 $p<0.05$ 时被认为具有显著性差别。

三、结果

为了探讨 *ApoE* 不同基因型是否影响 N-乙酰转移酶(NAT)的表达,我们筛选了稳定表达了人的 *ApoE*2、*ApoE*3、*ApoE*4 和对照 N1 的大鼠胶质瘤细胞系 C6(图 6-21,彩图 5)。稳定转染的各个细胞系中 *ApoE* 的表达用 Western Blotting(图6-22)和流式细胞仪(图 6-23)来检测。

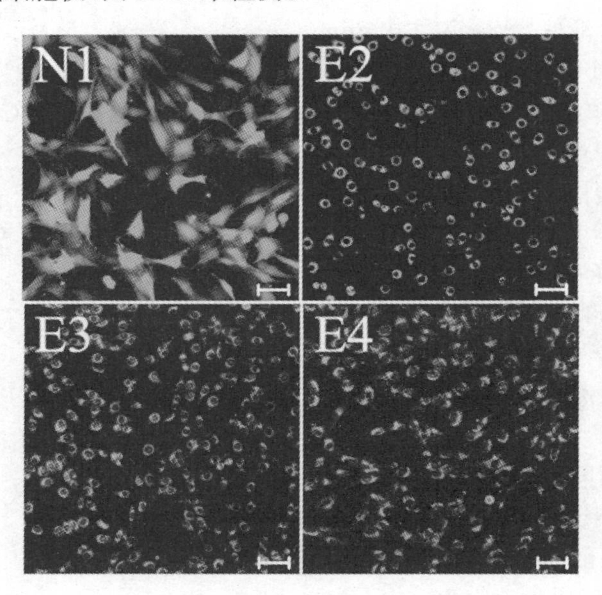

图 6-21 筛选的稳定表达人 *ApoE*2、*ApoE*3、*ApoE*4 和对照 N1 的大鼠胶质瘤细胞系 C6

注:利用激光共聚焦显微镜对筛选的稳定表达人 *ApoE*2、*ApoE*3、*ApoE*4 和对照 N1 的大鼠胶质瘤细胞系 C6 进行拍照。标尺为 0.05 mm。

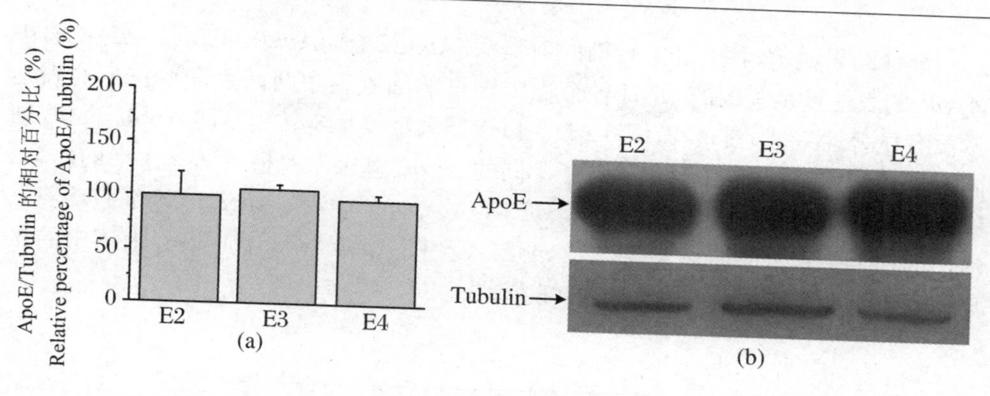

图 6-22　Western Blotting 检测 *ApoE* 在各个稳定转染细胞中的表达

注：(a)各个稳定转染细胞(*ApoE*2-C6、*ApoE*3-C6、*ApoE*4-C6)中 *ApoE* 的转染效率。各个稳定转染细胞中 *ApoE* 的表达没有显著性差别。*ApoE*2 和 *ApoE*3 之间的 p 值是 0.934；*ApoE*2 和 *ApoE*4 之间的 p 值是 0.791；*ApoE*3 和 *ApoE*4 之间的 p 值是 0.376。(b)各个稳定转染细胞中 ApoE 的表达。各个稳定转染的细胞中 Tubulin 的表达作为内参。

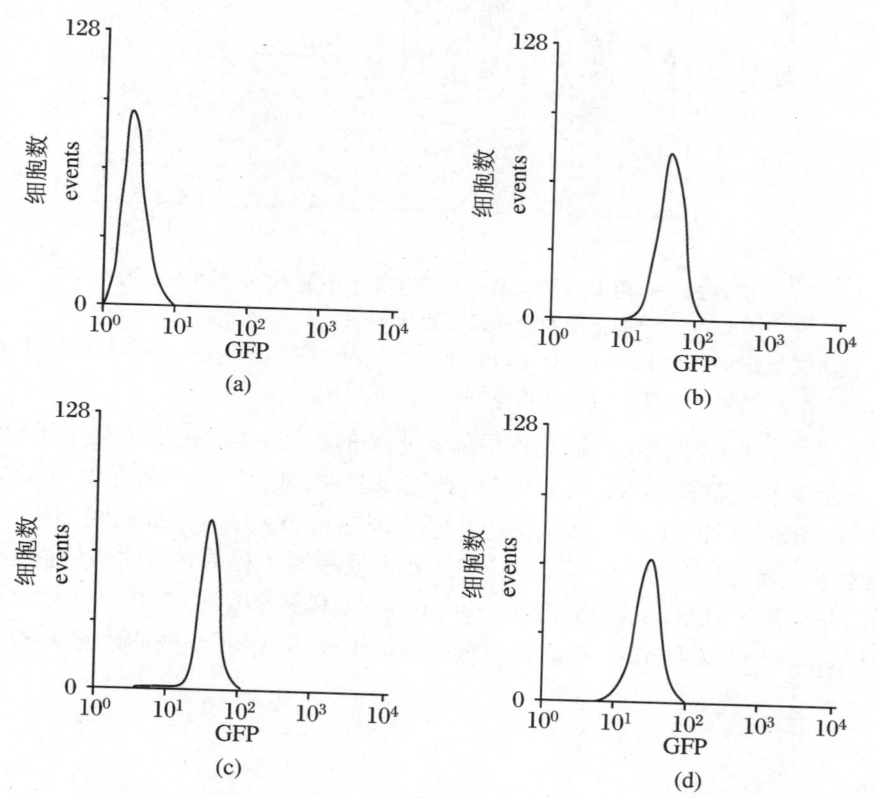

图 6-23　流式分析仪检测 *ApoE* 在各个稳定转染细胞中的表达

注：(a)未转染的正常对照细胞中 EGFP 的表达；(b)稳定转染细胞 *ApoE*2 中 EGFP 的表达；(c)稳定转染细胞 *ApoE*3 中 EGFP 的表达；(d)稳定转染细胞 *ApoE*4 中 EGFP 的表达。

统计结果显示，各个稳定转染的细胞系（*ApoE*2-C6、*ApoE*3-C6、*ApoE*4-C6）中 *ApoE* 的表达量是一致的，并且各个稳定转染的细胞系中两两之间 *ApoE* 的表达量没有显著性差别（图 6-22，图 6-23）。以上结果证实稳定转染不同 ApoE 的 C6 细胞系成功建立。接下来，我们检测了不同的 *ApoE* 基因型对松果体素水平的影响。结果显示，与对照组 N1-C6 相比，*ApoE*2-C6、*ApoE*3-C6 和 *ApoE*4-C6 细胞培养上清中的松果体素水平明显下降，但 *ApoE*2-C6 和 *ApoE*4-C6 细胞培养上清中的松果体素水平明显高于 *ApoE*3-C6 的细胞（图 6-24）。

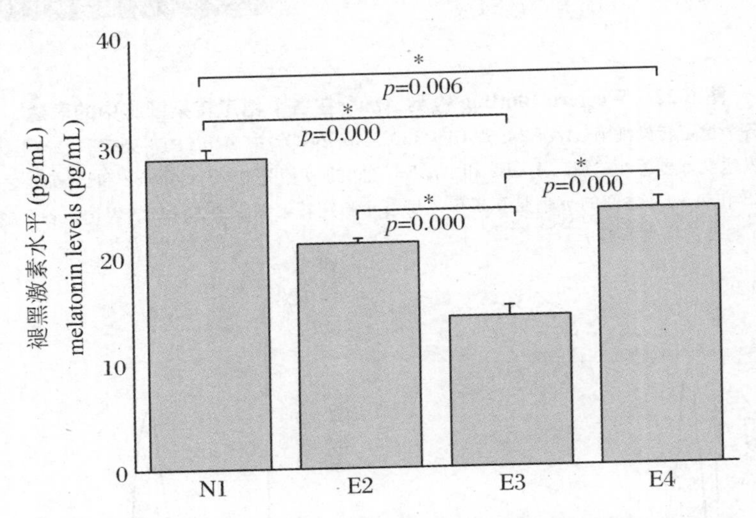

图 6-24　利用 RIA 检测各个稳定转染人不同 ApoE 的 C6 细胞培养上清中的松果体素水平

注：稳定转染表达 N1-EGFP（N1）、*ApoE*2-EGFP（E2）、*ApoE*3-EGFP（E3）或 *ApoE*4-EGFP（E4）的细胞培养细胞密度至 10^6 个，收集培养上清。数值用平均值 ± 标准误表示。

为了进一步探索 ApoE 调控松果体素水平的机制，我们接下来测定了松果体素合成的两种关键酶 NAT 和 HIOMT。结果表明，*ApoE*4-C6 细胞中 NAT 水平高于 *ApoE*3-C6 细胞（图 6-25）。*ApoE*3-C6 细胞和 *ApoE*4-C6 细胞间 HIOMT 的表达水平无显著性差异（图 6-26）。同时，我们还检测了松果体素合成旁路过程中 5-HT 的代谢酶 MAOA 和 MAOB。real-time PCR 结果显示，表达 ApoE4 的细胞中 MAOA 和 MAOB mRNA 的表达量明显低于表达 ApoE3 的细胞（图 6-27）。

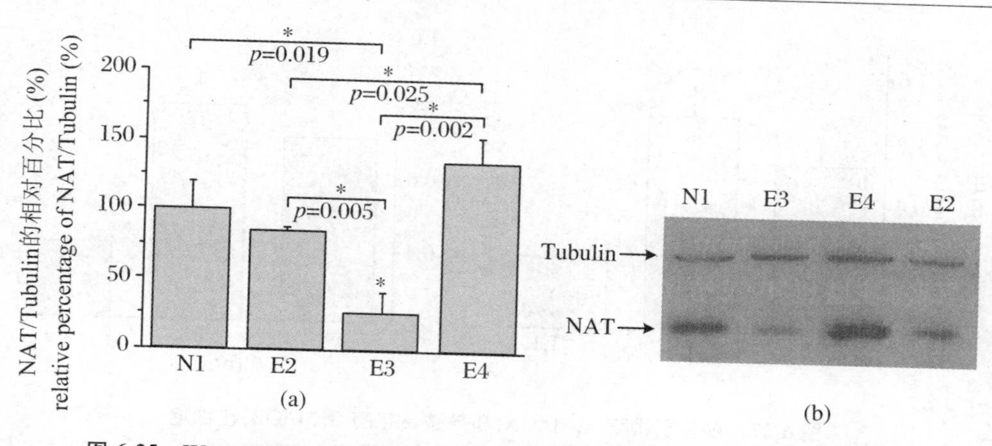

图 6-25　Western Blotting 检测 NAT 在各个稳定转染 ApoE 的 C6 细胞中的表达

注：(a) N-乙酰转移酶(NAT)与 Tubulin 在各个稳定转染细胞(N1、ApoE2、ApoE3、ApoE4)中的相对比值。ApoE3 稳定转染细胞中的 NAT 表达量与 ApoE2，ApoE4，以及对照组 N1 之间有显著性差别。N1 和 ApoE3 之间 * $p=0.019$；ApoE2 和 ApoE3 之间 * $p=0.005$；ApoE4 和 ApoE3 之间 * $p=0.002$；ApoE4 和 ApoE2 之间 * $p=0.025$。NAT 的表达量在 N1 和 ApoE2($p=0.485$)，N1 和 ApoE4($p=0.225$)之间均没有显著性差别。(b) 各个稳定转染细胞(ApoE2、ApoE3、ApoE4)中 NAT 的表达。各个稳定转染的细胞中 Tubulin 的表达作为内参。ApoE3 稳定转染细胞中 NAT 的表达明显比 ApoE2、ApoE4，以及对照组 N1 低。

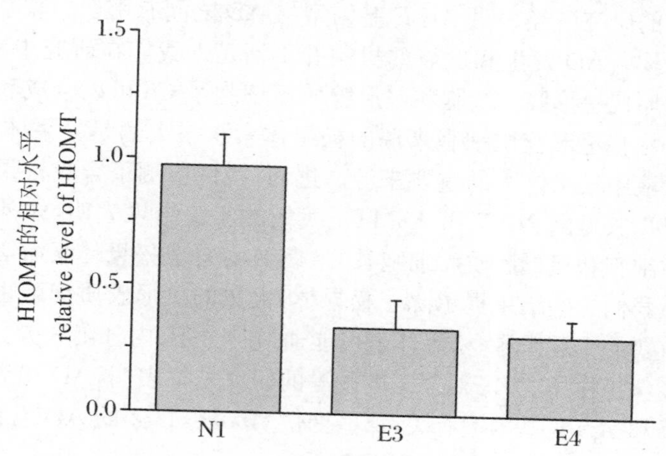

图 6-26　利用 Q-PCR 检测 HIOMT 在稳定转染人不同 ApoE 的 C6 细胞中的表达

注：Q-PCR 分析显示，在稳定转染的表达 N1-EGFP(N1)、*ApoE*3-EGFP(E3)或 *ApoE*4-EGFP(E4)的细胞中，HIOMT mRNA 的表达没有显著性差异。为了确定 RNA 的质量和逆转录的效率，我们使用 ß-actin 作为内参。DNase 用于处理 RNA，以避免假阳性结果。

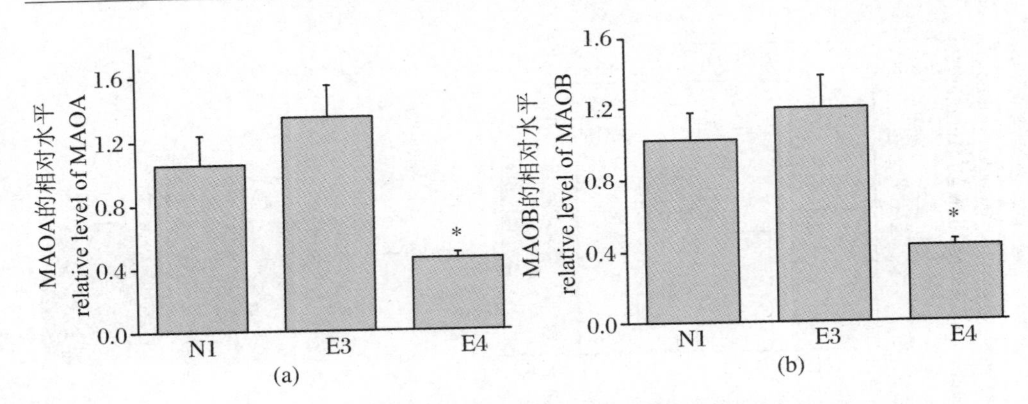

图 6-27 单胺氧化酶 A(MAOA)和单胺氧化酶 B(MAOB)在稳定转染不同 ApoE 的 C6 细胞中的表达

注：Q-PCR 分析显示，与对照组 N1-EGFP（N1）相比，*ApoE*3-EGFP（E3）的细胞中 MAOA 和 MAOB mRNA 的表达不变，但 *ApoE*4-EGFP(E4)的细胞中 MAOA 和 MAOB mRNA 的表达均降低。

四、讨论

尽管以前的研究已经表明 *ApoE* 基因型与 AD 之间有密切的联系，然而，不同 *ApoE* 基因型影响 AD 发生和发展的机制并不清楚。我们在研究中首次发现，体外培养的大鼠原代星形胶质细胞和星形胶质瘤细胞系 C6 可以合成和分泌一定量的松果体素。尽管星形胶质细胞来源的松果体素水平大约是松果体的 2/5，但是它可能是脑脊液中松果体素的重要来源。进而，我们检测了合成松果体所必需的前体物质 5-HT、关键酶 NAT 和 ASMT。我们的实验结果表明，体外培养的大鼠原代星形胶质细胞和星形胶质瘤细胞系 C6 都具有合成松果体素所必需的前体物质和关键酶。我们这些结果提示除了松果体，大鼠的星形胶质细胞也是产生松果体素的一个重要的生理来源；松果体素可能通过自分泌、内分泌和旁分泌的形式发挥可能的神经保护作用[135]。刘荣玉教授等的研究结果表明，AD 患者脑脊液松果体素水平下降和 *ApoE* 基因型有关，那些携带 *ApoE*-ε4/ε4 的 AD 患者脑脊液松果体素水平要比携带 *ApoE*-ε3/ε4 的明显降低。

因此，我们探索了不同的 *ApoE* 基因型对松果体素水平的影响[136]。我们首先构建了稳定表达不同 ApoE 的大鼠胶质瘤 C6 细胞系（*ApoE*2-C6、*ApoE*3-C6、*ApoE*4-C6）和正常对照组 N1-C6。

色氨酸从血液循环中被吸收，并被色氨酸羟化酶转化为血清素(5-HT)。5-HT 被关键酶 NAT 和 HIOMT(也称为 ASMT)最终代谢为松果体素。在松果体素合成的过程中，5-HT 也可以被 MAOA 氧化为 5-羟吲哚乙酸(5-HIAA)。在本研究中，我们发现与对照组相比，表达 ApoE4 和 ApoE3 的 C6 细胞中的松果体素水平均下降，并且 *ApoE*4-C6 细胞中松果体素的水平远远高于 *ApoE*3-C6 细胞。为了

阐明 *ApoE*4-C6 细胞中松果体素水平升高的分子机制，我们测量了松果体素合成途径中的两种关键酶 NAT 和 HIOMT，以及松果体素合成旁路中 5-HT 代谢酶 MAOA 和 MAOB。我们发现，松果体素合成途径发生了转变：MAOA 和 MAOB mRNA 表达下调，5-HT 向 5-HIAA 的代谢减少，NAT 蛋白表达上调，5-HT 向松果体素的转化增加。它是导致 *ApoE*4-C6 的细胞中松果体素水平增加的原因。

这里令人感兴趣的是，各种研究的结果显示，AD 患者的内源性松果体素水平比健康的老年对照组患者降低得更明显。值得注意的是，在 *ApoE*4/4 等位基因纯合子的 AD 患者中发现了更低的松果体素水平，这表明其在 AD 患者中存在更严重的缺乏。与这些结论相反，我们发现 *ApoE*4-C6 细胞中含有松果体素的水平高于 *ApoE*3-C6 细胞。

有几个原因可能导致了两者的不一致，为了排除 ApoE 水平对松果体素的影响，本研究将不同 *ApoE* 亚型的表达归一化到相同的水平。此外，ApoE 对松果体素水平的影响可能取决于年龄。迄今为止，在老年人群或 AD 患者中均发现 ApoE4 携带者脑脊液中松果体素水平下降。最近，有一些研究小组报道了 ApoE4 在年轻携带者中可能发挥的积极作用。这些证据表明，ApoE4 可能在年轻和老年携带者中发挥不同的作用。考虑到衰老的复杂性，我们建议调查年轻健康受试者中 *ApoE* 亚型和松果体素水平之间的可能关系。

研究表明，ApoE3 和 ApoE4 对体外培养的原代神经元或者 N2a 细胞的神经突起显示了不同的作用。在低密度脂蛋白存在的条件下，ApoE3 可以促进突起的生长，而 ApoE4 则抑制突起的生长。并且，体外实验还表明，在体外培养的大鼠原代海马神经元中，ApoE4 可以通过胞外信号调节激酶(ERK)通路刺激 cAMP-反应单元结合蛋白(cAMP-response element-binding protein，CREB)的磷酸化。相比较而言，ApoE3 则不能激活 CREB 的转录活性，也不能激活 ERK 通路[137,138]。我们推测，ApoE4 或许通过激活 ERK 通路来促进 NAT 的表达。然而，由于 ApoE3 不能激活 ERK 通路，所以 ApoE3 的 NAT 表达量相对较低。下一步的实验重点在 *ApoE*3 和 *ApoE*4 转基因鼠上验证。它的机制是什么呢？这需要更进一步的实验来验证。

综上所述，我们发现培养的 C6 细胞系中松果体素的合成受到 *ApoE* 基因型的影响。*ApoE*4-C6 细胞中松果体素水平升高，这是由于松果体素合成的关键酶 NAT 表达上调，以及其前体物质 5-HT 的代谢酶 MAOA 和 MAOB 表达下调。

附录　英文缩写及中英文全称对照表

英文缩写	英文全称	中文全称
4EBP1	4E-binding protein 1	4E 结合蛋白 1
5-HIAA	5-hydroxyindole acetic acid	5-羟吲哚乙酸
ABAD	AP-binding alcohol dehydrogenase	乙醇脱氢酶
ACTH	adreno-cortico-tropic-hormone	促肾上腺皮质激素
AD	Alzheimer's disease	阿尔茨海默病
AMH	anti-Müllerian hormone	抗苗勒管激素
ApoB	apolipoprotein B	载脂蛋白 B
ApoD	apolipoprotein D	载脂蛋白 D
ApoE	apolipoprotein E	载脂蛋白 E
ApoER2	apolipoprotein E receptor 2	载脂蛋白 E 受体 2
ApoJ	apolipoprotein J	载脂蛋白 J
APP	β-amyloid precursor protein	β 淀粉样前体蛋白
APS	ammonium persulphate	过硫酸铵
Arg	arginine	精氨酸
AUC	area under curve	ROC 曲线下面积
AZF	azoospermia factor	无精子因子
Aβ	beta-amyloid	β-淀粉体
BMI	body mass index	体重指数
CCND1	cyclin D1	G1/S-特异性周期蛋白-D1
CCNE2	cyclin E2	细胞周期素 E2
CDC2	cell division cycle 2	细胞分裂周期 2
CDK	cyclin-dependent kinases	周期蛋白依赖性激酶

续表

英文缩写	英文全称	中文全称
CDK6	cyclin-dependent kinase 6	细胞周期蛋白依赖激酶 6
CHO	Chinese hamster ovary cells	中国仓鼠卵巢细胞
ConA	concanavalin A	刀豆素 A
COXⅣ	cytochrome C oxidase 4	细胞色素 C 氧化酶 4
CREB	cAMP-response element-binding protein	cAMP-反应单元结合蛋白
CRF	corticotropinreleasing factor	促肾上腺皮质激素释放因子
CRFR1/2	corticotropinreleasing factor receptor 1/2	促肾上腺皮质激素释放因子受体 1/2
CRH	coticotropin releasing hormone	促肾上腺皮质激素释放激素
CYP11α	cytochrome P450 proteins 11α	胆固醇侧链裂解酶
DLPFC	dorsolateral prefrontal cortex	背侧前额叶皮质
DMEM	dulbecco's modified eagle medium	DMEM 培养基
DMPC	1,2-dimyristoyl-SN-glycero-3-phosphocholine	二肉豆蔻酰磷脂酰胆碱
DMSO	dimethyl sulfoxide	二甲基亚砜
DOR	diminished ovarian reserve	卵巢储备功能减退
DRP1	dynamin-related protein 1	线粒体动力相关蛋白
EDTA	ethylene diamine tetraacetic acid	乙二胺四乙酸
EGF	epidermal growth factor	表皮生长因子
EGFP	enhanced green fluorescent protein	增强绿色荧光蛋白
EIF4EBP1	phospho eukaryotic translation initiationfactor-4E-binding protein 1	真核翻译启动因子 4E 结合蛋白 1
EMT	endometriosis	子宫内膜异位症
EP	tubes	离心管
ER	estrogen receptor	雌激素受体
ERE	estrogen response element	雌激素反应元件
ERK	extracellular signal-regulated kinase	胞外信号调节激酶
ESR1	estrogen receptor 1	雌激素受体 1

续表

英文缩写	英文全称	中文全称
FACS	fluorescence-activated cell sorting	流式细胞荧光分选技术
FAD	fammal Alzheimer's disease	迟发性阿尔茨海默病
FF	follicular fluid	卵泡液
FIS1	mitochondrial fission protein 1	线粒体分裂蛋白 1
FITC	fluorescein isothiocyanate	异硫氰酸荧光素
FSH	follicle stimulating hormone	促卵泡素
GAPDH	glyceraldehyde-3-phosphate dehydrogenase	甘油醛-3-磷酸脱氢酶
GC	glucocorticoid	糖皮质激素
GFAP	glial fibrillary acidic protein	胶质纤维酸性蛋白
GLR	glutathione reductase	谷胱甘肽还原酶
GPX	glutathione peroxidase	谷胱甘肽过氧化酶
GR	glucocorticoid receptor	糖皮质激素受体
GSH	glutathione	谷胱甘肽
GSK-3	glycogen synthase kinase-3	糖原合成酶激酶-3
GSR	glutathione reductase	谷胱甘肽还原酶
GSSG	glutathione disulfide	谷胱甘肽二硫醚
GST1	glutathione S-transferase l	谷胱甘肽巯基转移酶 1
GSTM1	glutathione S-transferase M1	谷胱甘肽 S-转移酶 Mu1
HCG	human chorionic gonadotrophin	人绒毛膜促性腺激素
HDL	high density lipoprotein	高密度脂蛋白
HEPES	2-[4-(2-hydroxyethyl)piperazin-1-yl] ethanesulfonic acid	4-羟乙基哌嗪乙磺酸
HIOMT	hydroxyindole-O-methyltransferase	羟基吲哚甲基化转移酶
HPA	hypothalamic-pituitary-adrenal	下丘脑-垂体-肾上腺
ICV	intra-cerebroventricular injection	脑室内注射
IFN-γ	interferon-gamma	干扰素 γ
IL-1α	interleukin-1α	白细胞介素-1α

续表

英文缩写	英文全称	中文全称
INSR	insulin receptor	胰岛素受体
IVF-ET	in vitro fertilization-external fertilization	体外受精和胚胎移植
JNK	Jun N-terminal kinase	Jun 氨基末端激酶
LC3	microtubulesas sociated protein light	微管相关蛋白 1 轻链 3
LDL	low density lipoprotein	低密度脂蛋白
LDLR	low density lipoprotein receptor	低密度脂蛋白受体
LH	luteinizing hormone	促黄体生成素
LONP1	lon peptidase 1	线粒体离子肽酶 1
LPS	lipopolysaccharide	脂多糖
LRP	LDL receptor-related protein	低密度脂蛋白受体相关蛋白
LTP	long-term potentiation	长时程增强作用
Lys	lysine	赖氨酸
MAOA	monoamine oxidase A	单胺氧化酶 A
MAPK	mitogen-activated protein kinase	丝裂原活化蛋白激酶
MDA	malondialdehyde	丙二醛
MFF	mitochondrial fission factor	线粒体裂变因子
Mfn2	mitofusin 2	线粒体融合蛋白 2
MHC	major histocompatibility complex	主要组织相容性复合体
MIP1α	macrophage inflammatory protein 1α	巨噬细胞炎症蛋白 1α
MMP	mitochondrial membrane potential	线粒体膜电位
MMSE	mini-mental state examination	简易智能量表
MPF	maturation-promoting factor	成熟促进因子
MR	mineralocorticoid receptor	盐皮质激素受体
mTOR	mammalian target of rapamycin	哺乳动物雷帕霉素靶蛋白
NADPH	nicotinamide adenine dinucleotide phosphate	还原型辅酶Ⅱ
NAT	serotonin N-acetyltransferase	N-乙酰转移酶

续表

英文缩写	英文全称	中文全称
NE	norepinephrine	去甲肾上腺素
NF-κB	nuclear factor kappa beta	核转录因子
NFTs	neurofibrillary tangles	神经元纤维缠结
NK	natural killer cell	自然杀伤细胞
NMDA	N-methyl-D-aspartic acid receptor	N-甲基-D-天冬氨酸受体
NOA	non-obstructive azoospermia	非梗阻性无精子症
OPA1	optic atrophy 1	视神经萎缩 1
p62/SQSTM1	sequestosome 1	死骨体 1
PAGE	polyacrylamide gel electrophoresis	聚丙烯酰胺凝胶电泳
PBS	phosphate buffered saline	磷酸缓冲盐溶液
PCOS	polycystic ovarian syndrome	多囊卵巢综合征
PCR	polymerase chain reaction	聚合酶链式反应
PD	Parkinson's disease	帕金森病
PH	hydrogen ion concentration	氢离子浓度指数
PI3K	phosphatidylinositol 3-hydroxy kinase	磷脂酰肌醇-3-羟激酶
PIN1	prolyl isomerase	肽基脯氨酰异构酶
PL	pregnancy loss	妊娠丢失
PMSF	phenylmethanesulfonyl fluoride	蛋白酶抑制剂
POF	premature ovarian failure	卵巢早衰
POI	premature ovarian insufficiency	早发性卵巢功能不全
PS-1	presenilin-1	早老素 1
PSD	postsynaptic density	突触后膜致密物
PVDF	polyvinylidene difluoride	聚偏氟乙烯
PVN	paraventricular nucleus of hypothalamus	下丘脑室旁核
RAP	receptor-associated protein	受体相关蛋白
RFLP	restriction fragment length polymorphism	限制性内切酶片段长度多态性
RIPA	radio immunoprecipitation assay	RIPA 裂解液

续表

英文缩写	英文全称	中文全称
ROC curve	receiver operating characteristic curve	受试者工作特征曲线
ROS	reactive oxygen species	活性氧自由基
RPL	recurrent pregnancy loss	复发性妊娠丢失
RPS6KL1	ribosomal protein S6 kinase-like 1	核糖体蛋白 S6 激酶样 1
RSA	recurrent spontaneous abortion	复发性流产
SDHA	succinate dehydrogenase complex，subunit A	琥珀酸脱氢酶复合体 A
SDS	sodium dodecyl sulfate	十二烷基硫酸钠
SNP	single nucleotide poly morphism	单核苷酸多态性
SOD2	superoxide dismutase 2	超氧化物歧化酶 2
SPL	spontaneous lesion	自发性流产
SPs	senile plaques	老年斑
SYN1	synapsin 1	突触蛋白 1
SYNP	synaptophysin	突触素
Tau	microtubule-associated protein tau	微管相关蛋白 tau
TC	total cholesterol	总胆固醇
TCA cycle	tricarboxylic acid cycle	柠檬酸循环
TEMED	tetramethylethylenediamine	四甲基乙二胺
TG	triglyceride	甘油三酯
TGF-β	transforming growth factor-β	转化生长因子 β
TMRE	tetramethylrhodamine ethyl ester	四甲基罗丹明乙酯
TNF-α	tumor necrosis factor-α	肿瘤坏死因子 α
TPH	tryptophan hydroxylase	色氨酸羟化酶
Trp	tryptaphan	色氨酸
VLDL	very low density lipoprotein	极低密度脂蛋白
VLDLR	the very low density lipoprotein receptor	极低密度脂蛋白受体
WB	Western Blotting	蛋白质免疫印迹
γ-IFN	γ-interferon	γ-干扰素

参考文献

[1] Flowers S A, Rebeck G W. APOE in the normal brain[J]. Neurobiology of Disease, 2020, 136: 104724.

[2] Sienski G, Narayan P, Bonner J M, et al. APOE4 disrupts intracellular lipid homeostasis in human iPSC-derived glia[J]. Science Translational Medicine, 2021, 13(583): eaaz4564.

[3] Liu, Y J, Xing F, Zong K, et al. Increased ApoE expression in follicular fluid and the ApoE genotype are associated with endometriosis in Chinese women[J]. Front Endocrinol (Lausanne), 2021, 12: 779183.

[4] Lin Y T, Seo J, Gao F, et al. APOE4 causes widespread molecular and cellular alterations associated with Alzheimer's disease phenotypes in human iPSC-Derived brain cell types [J]. Neuron, 2018, 98(6): 1141-1154.

[5] Prakashchand D D, Mondal J. Conformational reorganization of apolipoprotein E triggered by phospholipid assembly[J]. The Journal of Physical Chemistry B, 2021, 125(20): 5285-5295.

[6] Yin Y, Wang Z. ApoE and neurodegenerative dseases in aging[J]. Advances in experimental medicine and biology, 2018, 1086: 77-92.

[7] Marais A D. Apolipoprotein E in lipoprotein metabolism, health and cardiovascular disease[J]. Pathology, 2019, 51(2): 165-176.

[8] Dafnis I, Argyri L, Chroni A. Amyloid-peptide beta 42 Enhances the Oligomerization and Neurotoxicity of apoE4: the C-terminal residues Leu279, Lys282 and Gln284 modulate the structural and functional properties of apoE4[J]. Neuroscience, 2018, 394: 144-155.

[9] Dolai S, Cherakara S, Garai K. Apolipoprotein E4 exhibits intermediates with domain interaction[J]. Biochimica et Biophysica Acta (BBA)-Proteins and Proteomics, 2020, 1868 (12): 140535.

[10] Kothari S, Bala N, Patel A B, et al. The LDL receptor binding domain of apolipoprotein E directs the relative orientation of its C-terminal segment in reconstituted nascent HDL [J]. Biochimica et Biophysica Acta (BBA)-Biomembranes, 2021, 1863(7): 183618.

[11] Mirheydari M, Putta P, Mann E K, et al. Interaction of two amphipathic alpha-Helix bundle proteins, ApoLp-III and ApoE 3, with the Oil-Aqueous interface[J]. The Journal of Physical Chemistry B, 2021, 125(18): 4746-4756.

[12] Jx A, Yg A, Xh A, et al. Effects of DHA dietary intervention on hepatic lipid metabolism in apolipoprotein E-deficient and C57BL/6J wild-type mice[J]. Biomedicine & Pharmacotherapy, 2021, 144: 112329.

[13] Martinez-Martínez, Torres-Perez E, Devanney N, et al. Beyond the CNS: The many peripheral roles of APOE[J]. Neurobiology of Disease, 2020, 138(10): 104809.

[14] Rezzani R, Franco C, Favero G, et al. Ghrelin-mediated pathway in Apolipoprotein-E deficient mice: a survival system[J]. American Journal of Translational Research, 2019, 11(7): 4263-4276.

[15] Rhea E M, Raber J E, Banks W A. ApoE and cerebral insulin: Trafficking, receptors, and resistance[J]. Neurobiology of Disease, 2020, 137: 104755.

[16] Benito-Vicente A, Uribe K B, Siddiqi H, et al. Replacement of cysteine at position 46 in the first cysteine-rich repeat of the LDL receptor impairs apolipoprotein recognition[J]. PLos One, 2018, 13(10): e0204771.

[17] 李秀锋,高征,刘艳慧,等.体检人群载脂蛋白E基因型与血清小而密低密度脂蛋白胆固醇的关系[J].国际检验医学杂志,2021,42(22):2754-2757,2761.

[18] Getz G S, Reardon C A. Apoprotein E and reverse cholesterol transport[J]. International Journal of Molecular Sciences, 2018, 19(11). DOI: 10.3390/ijms19113479.

[19] Shi Y, Andhey P S, Ising C, et al. Overexpressing low-density lipoprotein receptor reduces tau-associated neurodegeneration in relation to apoE-linked mechanisms[J]. Neuron, 2021, 109(15): 2413-2426.

[20] Cruz S, Narayanaswami V. Cellular Uptake and Clearance of Oxidatively-modified Apolipoprotein E3 by Cerebral Cortex Endothelial Cells[J]. International Journal of Molecular Sciences, 2019, 20(18). DOI: 10.3390/ijms20184582.

[21] Chieko M. Lipoprotein receptor signalling in atherosclerosis. [J]. Cardiovascular Research, 2020, 116(7): 1254-1274.

[22] Db A, Ajka B, El A, et al. The role of APOE in transgenic mouse models of AD[J]. Neuroscience Letters, 2019, 707: 134285.

[23] Su X, Peng D. The exchangeable apolipoproteins in lipid metabolism and obesity[J]. Clinica Chimica Acta, 2020, 503(1): 128-135.

[24] Hxya C, Min Z C, Syl C, et al. Cholesterol in LDL receptor recycling and degradation [J]. Clinica Chimica Acta, 2020, 500: 81-86.

[25] Ma Q, Zhen Z, Sagare A P, et al. Blood-brain barrier-associated pericytes internalize and clear aggregated amyloid-beta42 by LRP1-dependent apolipoprotein E isoform-specific mechanism[J]. Molecular Neurodegeneration, 2018, 13(1): 57.

[26] Waldie S, Sebastiani F, Moulin M, et al. ApoE and ApoE nascent-like HDL particles at model cellular membranes: effect of protein isoform and membrane composition[J]. Front Chem, 2021 9: 630152.

[27] Ana B. Martinez-Martínez, Torres-Perez E, Devanney N, et al. Beyond the CNS: the many peripheral roles of ApoE[J]. Neurobiology of Disease, 2020, 138(10): 104809.

[28] Li X, Zhang J, Li D, et al. Astrocytic ApoE reprograms neuronal cholesterol metabolism and histone-acetylation-mediated memory[J]. Neuron, 2021, 109(6): 957-970.

[29] Yu Y, Liu C C, Yamazaki A, et al. Vascular ApoE4 impairs behavior by modulating gliovascular function[J]. Neuron, 2020, 109(3): 438-447.

[30] Huang Y, Zhou B, Nabet A M, et al. Differential signaling mediated by ApoE2, ApoE3, and ApoE4 in human neurons parallels Alzheimer's disease risk[J]. Journal of Neuroscience, 2019, 39(37): 7408-7427.

[31] Khalil Y A, JP Rabès, Boileau C, et al. APOE gene variants in primary dyslipidemia[J]. Atherosclerosis, 2021, 328: 11-22.

[32] Qi G, YMi, Shi X, et al. ApoE4 impairs neuron-asstrocyte coupling of fatty acid metabolism[J]. Cell Reports, 2021, 34(1): 108572.

[33] Balmik A A, Sonawane S K, Chinnathambi S. The extracellular HDAC6 ZnF UBP domain modulates the actin network and post-translational modifications of Tau[J]. Cell Communication and Signaling, 2021, 19(1): 49.

[34] Ahmad G. Pro-Inflammatory serum amyloid a stimulates renal dysfunction and enhances atherosclerosis in ApoE-deficient mice[J]. International Journal of Molecular Sciences, 2021, 22(22). DOI: 10.3390/ijms222212582.

[35] Vander B M, Wyns C. Fertility and infertility: definition and epidemiology[J]. Clinical Biochemistry, 2018, 62: 2-10.

[36] Ishizuka B. Current understanding of the etiology, Symptomatology, and treatment options in premature ovarian insufficiency (POI)[J]. Frontiers in endocrinology, 2021, 12: 626924.

[37] Ford E, Beckett E L, Roman S, et al. Advances in human primordial follicle activation and premature ovarian insufficiency[J]. Reproduction, 2020, 159(1): 15-29.

[38] Jiao X, Ke H, Qin Y, et al. Molecular Genetics of premature ovarian insufficiency-science direct[J]. Trends in Endocrinology and Metabolism, 2018, 29(11): 795-807.

[39] Delcour C, Amazit L, Patino L C, et al. ATG7 and ATG9A loss-of-function variants trigger autophagy impairment and ovarian failure[J]. Genetics in Medicine, 2019, 21(4): 930-938.

[40] Liu M N, Zhang K, Xu T M. The role of BMP15 and GDF9 in the pathogenesis of primary ovarian insufficiency[J]. Human Fertility, 2021, 24(5): 325-332.

[41] Edgardo, Rolla. Endometriosis: advances and controversies in classification, pathogenesis, diagnosis, and treatment[J]. F1000Research, 2019, 8. DOI: 10.12688/f1000research.14817.1.

[42] Ma J, Zhang L, HZhan, et al. Single-cell transcriptomic analysis of endometriosis provides insights into fibroblast fates and immune cell heterogeneity[J]. Cell & bioscience, 2021, 11(1): 125.

[43] Khan M J, Ullah A, Basit S. Genetic basis of polycystic ovary syndrome (PCOS): current perspectives[J]. The Application of Clinical Genetics, 2019, 12: 249-260.

[44] Ajmal N, Khan S Z, Shaikh R. Polycystic ovary syndrome (PCOS) and genetic predisposition: a review article[J]. European Journal of Obstetrics, Gynecology and Reproductive Biology: X, 2019, 3: 100060.

[45] Wesevich V, Kellen A N, Pal L. Recent advances in understanding primary ovarian insufficiency[J]. F1000 Research, 2020, 9. DOI: 10.12688/f1000research.26423.1.

[46] Kacperczyk M,Kmieciak A,Kratz E M. The role of ApoE expression and variability of its glycosylation in human reproductive health in the light of current information[J]. International Journal of Molecular Sciences,2021,22(13):7197.

[47] Franca M M,Mendonca B B. Genetics of ovarian insufficiency and defects of folliculogenesis [J]. Best Practice & Research: Clinical Endocrinology & Metabolism, 2021:101594.

[48] Oriá R B,Almeida J,Moreira C N,et al. Apolipoprotein E effects on mammalian ovarian steroidogenesis and human fertility[J]. Trends in Endocrinology and Metabolism,2020, 31(11):872-883.

[49] Liu C C, Qiao W, Zhao N, et al. Apolipoprotein E, receptors, and modulation of Alzheimer's disease[J]. Biological Psychiatry,2018,83(4):347-357.

[50] Yin J, Reiman E M, Beach T G, et al. Effect of ApoE isoforms on mitochondria in Alzheimer disease[J]. Neurology,2020,94(23):2404-2411.

[51] Dov T,Mears J A,Buchner D A. Mitochondrial dysfunction in primary ovarian insufficiency[J]. Endocrinology,2019,160(10):2353-2366.

[52] Yadav A K,Yadav P K,Chaudhary G R,et al. Autophagy in hypoxic ovary[J]. Cellular & Molecular Life Sciences Cmls,2019,76(17):3311-3322.

[53] Chapron C,Marcellin L,Borghese B,et al. Rethinking mechanisms,diagnosis and management of endometriosis[J]. Nature Reviews Endocrinology,2019,15(11):666-682.

[54] Broi M,Rui A F,Navarro P A. Ethiopathogenic mechanisms of endometriosis-related infertility[J]. JBRA Assisted Reproduction,2019,23(3):273-280.

[55] Saunders P,Horne A W. Endometriosis: etiology,pathobiology,and therapeutic prospects [J]. Cell,2021,184(11):2807-2824.

[56] Lin X,Dai Y,Tong X,et al. Excessive oxidative stress in cumulus granulosa cells induced cell senescence contributes to endometriosis-associated infertility[J]. Redox Biology, 2020,30:101431.

[57] Patel S. Polycystic ovary syndrome (PCOS),an inflammatory,systemic,lifestyle endocrinopathy[J]. Journal of Steroid Biochemistry & Molecular Biology,2018,182:27-36.

[58] Wekker V,Dammen L V,Koning A,et al. Long-term cardiometabolic disease risk in women with PCOS: a systematic review and meta-analysis[J]. Human Reproduction Update,2020,26(6):942-960.

[59] Zheng F,Cai Y. Concurrent exercise improves insulin resistance and nonalcoholic fatty liver disease by upregulating PPAR-γ and genes involved in the beta-oxidation of fatty acids in ApoE-KO mice fed a high-fat diet[J]. Lipids in Health & Disease,2019,18(1):6.

[60] Dimitriadis E,Menkhorst E,Saito S,et al. Recurrent pregnancy loss[J]. Nature Reviews Disease Primers,2020,6(1):98.

[61] Turienzo A,Lledó B,Ortiz J A,et al. Prevalence of candidate single nucleotide polymorphisms on p53, IL-11, IL-10, VEGF and APOE in patients with repeated implantation failure (RIF) and pregnancy loss (RPL)[J]. Human Fertility,2020,23(2):117-122.

[62] Nasioudis D,Doulaveris G,Kanninen T T. Dyslipidemia in pregnancy and maternal-fetal

outcome[J]. Minerva Ginecologica,2019,71(2):155-162.

[63] Kallol S,Albrecht C. Materno-fetal cholesterol transport during pregnancy[J]. Biochemical Society transactions,2020,48(3):775-786.

[64] Patel S,Homaei A,Raju A B,et al. Estrogen:The necessary evil for human health,and ways to tame it[J]. Biomedicine & pharmacotherapy,2018,102:403-411.

[65] Hess R A,Cooke P S. Estrogen in the male:a historical perspective[J]. Biology of Reproduction,2018,99(1):27-44.

[66] Man Y,Zhao R,Gao X,et al. TOX3 promotes ovarian estrogen synthesis:an RNA-sequencing and network study[J]. Frontiers in Endocrinology,2020. 11:615846.

[67] Machado D E,Alessandra-Perini J,Menezes de Mendonça E,et al. Clotrimazole reduces endometriosis and the estrogen concentration by downregulating aromatase[J]. Reproduction (Cambridge,England),2020,159(6):779-786.

[68] Chen Y,Hong T,Chen F,et al. Interplay between microglia and Alzheimer's disease:focus on the most relevant risks:APOE genotype,sex and age[J]. Frontiers in Aging Neuroscience,2021,13:631827.

[69] Taxier L R,Philippi S M,York J M,et al. The detrimental effects of APOE4 on risk for Alzheimer's disease may result fromaltered dendritic spine density,synaptic proteins,and estrogen receptor alpha[J]. Neurobiology of Aging,2021,112:74-86.

[70] Critchley H,Babayev E,Bulun S E,et al. Menstruation:science and society[J]. American Journal of Obstetrics and Gynecology,2020,223(5):624-664.

[71] Scheyer O,Rahman A,Hristov H,et al. Female sex and Alzheimer's risk:the menopause connection[J]. J. Prev. Alzheimers Dis. ,2018,5(4):225-230.

[72] Pontifex M G,Martinsen A,Saleh R,et al. APOE4 genotype exacerbates the impact of menopause on cognition and synaptic plasticity in APOE-TR mice[J]. The FASEB Journal,2021,35(5):e21583.

[73] Panner Selvam M K,Selvam M,Ambar R F,Agarwal A,et al. Etiologies of sperm DNA damage and its impact on male infertility[J]. Andrologia,2021,53(1):e13706.

[74] Agarwal A,Baskaran S,Parekh N,et al. Male infertility[J]. Lancet,2021,397(10271):319-333.

[75] Forouhari S,Mahmoudi E,Safdarian E,et al. MicroRNA:a potential diagnosis for male infertility[J]. Mini Reviews in Medicinal Chemistry,2021,21(10):1226-1236.

[76] Gunes S,Esteves S C. Role of genetics and epigenetics in male infertility[J]. Andrologia,2021,53(1):e13586.

[77] Wang X,Yin L,YWen,et al. Mitochondrial regulation during male germ cell development[J]. Cellular and Molecular Life Sciences,2022,79(2):91.

[78] Kim J,Yoon H,Basak J,et al. Apolipoprotein E in synaptic plasticity and Alzheimer's disease:potential cellular and molecular mechanisms[J]. Molecules & Cells,2014,37(11):767-776.

[79] Jouanne M,Rault S,Voisin-Chiret A S. Tau protein aggregation in Alzheimer's disease:An attractive target for the development of novel therapeutic agents[J]. European Journal of Me-

dicinal Chemistry,2017,139:153-167.

[80] Chai A B,Lam H H J,Kockx M,et al. Apolipoprotein E isoform-dependent effects on the processing of Alzheimer's amyloid-β[J]. Biochim. Biophys. Acta. Mol. Cell Biol. Lipids.,2021,1866(9):158980.

[81] Villain N,Dubois B. Alzheimer's disease including focal presentations.[J]. Seminars in Neurology,2019,39(2):213-226.

[82] Rusek M,Pluta R,Uamek-Kozio M,et al. Ketogenic diet in Alzheimer's disease[J]. International Journal of Molecular Sciences,2019,20(16):3892.

[83] Li Z,Shue F,Zhao N,et al. APOE2:protective mechanism and therapeutic implications for Alzheimer's disease[J]. Molecular Neurodegeneration,2020,15(1):63.

[84] Kara E,Marks J D,Roe A D,et al. A flow cytometry-based in vitro assay reveals that formation of apolipoprotein E (ApoE)-amyloid beta complexes depends on ApoE isoform and cell type[J]. Journal of Biological Chemistry,2018,293(34):13247-13256.

[85] Xia Y,Wang Z H,Zhang J,et al. C/EBPβ is a key transcription factor for APOE and preferentially mediates ApoE4 expression in Alzheimer's disease[J]. Molecular Psychiatry,2020,26(10):6002-6022.

[86] Wang R,Oh J M,Motovylyak A,et al. Impact of sex and APOE epsilon4 on age-related cerebral perfusion trajectories in cognitively asymptomatic middle-aged and older adults: A longitudinal study[J]. J. Cereb. Blood Flow Metab.,2021,41(11):3016-3027.

[87] Nguyen A T,Wang K,Hu G,et al. APOE and TREM2 regulate amyloid-responsive microglia in Alzheimer's disease[J]. Acta Neuropathologica,2020,140(4):477-493.

[88] Cheng Y,Tian D Y,Wang Y J. Peripheral clearance of brain-derived Abeta in Alzheimer's disease: pathophysiology and therapeutic perspectives[J]. Transl. Neurodegener.,2020,9(1):16.

[89] Valotassiou V,Malamitsi J,Papatriantafyllou J,et al. SPECT and PET imaging in Alzheimer's disease[J]. Ann. Nucl. Med.,2018,32(9):583-593.

[90] Salvadó G,Grothe M J,Groot C,et al. Differential associations of APOE-epsilon2 and APOE-epsilon4 alleles with PET-measured amyloid-beta and tau deposition in older individuals without dementia[J]. Eur. J. Nucl. Med. Mol. Imaging,2021,48(7):2212-2224.

[91] Burrinha T,Martinsson I,Gomes R,et al. Upregulation of APP endocytosis by neuronal aging drives amyloid-dependent synapse loss[J]. J. Cell. Sci.,2021,134(9):jcs255752.

[92] Seok B M,Hanna C,Sun L H,et al. Effect of APOE ε4 genotype on amyloid-β and tau accumulation in Alzheimer's disease[J]. Alzheimer's research & therapy, 2020, 12(1):140.

[93] Rahman M M,Lendel C. Extracellular protein components of amyloid plaques and their roles in Alzheimer's disease pathology[J]. Molecular Neurodegeneration,2021,16(1):59.

[94] Van der Kant R,Goldstein L S B,Ossenkoppele R. Amyloid-beta-independent regulators of tau pathology in Alzheimer disease[J]. Nat. Rev. Neurosci.,2020,21(1):21-35.

[95] Wegmann S, Biernat J, Mandelkow E. A current view on Tau protein phosphorylation in Alzheimer's disease[J]. Current Opinion in Neurobiology,2021,69:131-138.

[96] Pirscoveanu D F V, Pirici I, Tudorică V, et al. Tau protein in neurodegenerative diseases-a review[J]. Romanian journal of morphology and embryology, 2017, 58(4): 1141-1150.

[97] Chandra A, Valkimadi P, Pagano G, et al. Applications of amyloid, tau, and neuroinflammation PET imaging to Alzheimer's disease and mild cognitive impairment[J]. Human Brain Mapping, 2019, 40(18): 5424-5442.

[98] Wang C, Xiong M, Gratuze M, et al. Selective removal of astrocytic APOE4 strongly protects against tau-mediated neurodegeneration and decreases synaptic phagocytosis by microglia[J]. Neuron, 2021, 109(10): 1657-1674.

[99] Franco M L, García-Carpio I, Comaposada-Baró R, et al. TrkA-mediated endocytosis of p75-CTF prevents cholinergic neuron death upon gamma-secretase inhibition[J]. Life Sci Alliance, 2021, 4(4): e202000844.

[100] Roy J, Tsui K C, Ng J, et al. Regulation of melatonin and neurotransmission in Alzheimer's disease[J]. International Journal of Molecular Sciences, 2021, 22(13). DOI: 10. 3390/ijms22136841.

[101] Li Y, Zhang J, Wan J et al. Melatonin regulates Abeta production/clearance balance and Abeta neurotoxicity: A potential therapeutic molecule for Alzheimer's disease[J]. Biomed Pharmacother, 2020. 132: 110887.

[102] Mihardja M, Roy J, Kan Y W, et al. Therapeutic potential of neurogenesis and melatonin regulation in Alzheimer's disease[J]. Annals of the New York Academy of Sciences, 2020, 1478(1): 43-62.

[103] Chen Y, Durakoglugil M S, Xian X, et al. ApoE4 reduces glutamate receptor function and synaptic plasticity by selectively impairing ApoE receptor recycling[J]. Proceedings of the National Academy of Sciences of the United States of America, 2010. 107(26): 12011-12016.

[104] Huynh T P V, Liao F, Francis C M, et al. Age-dependent effects of apoE reduction using antisense oligonucleotides in a model of β-amyloidosis[J]. Neuron, 2017, 96(5): 1013-1023.

[105] Pontifex M G, Martinsen A, Saleh R, et al. APOE4 genotype exacerbates the impact of menopause on cognition and synaptic plasticity in APOE-TR mice[J]. The FASEB Journal, 2021, 35(5): e21583.

[106] Shi Y, Yamada K, Liddelow S A, et al. ApoE4 markedly exacerbates tau-mediated neurodegeneration in a mouse model of tauopathy[J]. Nature, 2017, 549(7673): 523-527.

[107] Angelopoulou E, Paudel Y N, Papageorgiou S G, et al. APOE genotype and Alzheimer's disease: the influence of lifestyle and environmental factors[J]. ACS Chemical Neuroscience, 2021, 12(15): 2749-2764.

[108] Miller W L. The hypothalamic-pituitary-adrenal axis: a brief history[J]. Horm. Res. Paediatr., 2018, 89(4): 212-223.

[109] Qin W, Li W, Wang Q, et al. Race-related association between APOE genotype and Alzheimer's disease: a systematic review and meta-analysis[J]. J. Alzheimers Dis., 2021,

83(2):897-906.

[110] Biedermann S V, Biedermann D G, FWenzlaff, et al. An elevated plus-maze in mixed reality for studying human anxiety-related behavior[J]. Bmc Biology, 2017, 15(1): 125.

[111] Meng F T, Zhao J, Fang H, et al. Upregulation of mineralocorticoid receptor in the hypothalamus associated with a high anxiety-like level in apolipoprotein E4 transgenic mice[J]. Behavior Genetics, 2017, 47(4): 416-424.

[112] BaluD, Karstens A J, Loukenas E, et al. The role of APOE in transgenic mouse models of AD[J]. Neuroscience Letters, 2019, 707: 134285.

[113] Zhu Y, Ye Y, Zhou C, et al. Effect of sensory deprivation of nasal respiratory on behavior of C57BL/6J mice[J]. Brain Sciences, 2021, 11(12): 1626.

[114] Meng F T, Zhao J, Fang H, et al. The influence of chronic stress on anxiety-like behavior and cognitive function in different human GFAP-ApoE transgenic adult male mice [J]. Stress, 2015, 18(4): 419-426.

[115] Rawat V, Wang S, Jian S, et al. ApoE4 alters ABCA1 membrane trafficking in astrocytes[J]. Journal of Neuroscience, 2019, 39(48): 9611-9622.

[116] Bjorklund G, Peana M, Maes M, et al. The glutathione system in Parkinson's disease and its progression[J]. Neurosci. Biobehav. Rev., 2021, 120: 470-478.

[117] Nakamura T, Oh C K, Zhang X, et al. Protein S-nitrosylation and oxidation contribute to protein misfolding in neurodegeneration[J]. Free Radical Biology and Medicine, 2021, 172: 562-577.

[118] Lackie R E, Maciejewski A, Ostapchenko V G, et al. The Hsp70/Hsp90 chaperone machinery in neurodegenerative diseases[J]. Frontiers in Neuroscience, 2017, 11: 254.

[119] Ulrich J D, Ulland T K, Mahan T E, et al. ApoE facilitates the microglial response to amyloid plaque pathology [J]. Journal of Experimental Medicine, 2018. 215 (4): 1047-1058.

[120] Wang M, Ramasamy V S, Samidurai M, et al. Acute restraint stress reverses impaired LTP in the hippocampal CA1 region in mouse models of Alzheimer's disease[J]. Sci. Rep., 2019. 9(1): 10955.

[121] Antonyová V, Kejík Z, Brogyányi T, et al. Role of mtDNA disturbances in the pathogenesis of Alzheimer's and Parkinson's disease[J]. DNA repair, 2020, 91-92: 102871.

[122] A Armstrong R. Risk factors for Alzheimer's disease[J]. Folia Neuropathol, 2019, 57 (2): 87-105.

[123] Ma H, Yeonmi L, Tomonari H, et al. Germline and somatic mtDNA mutations in mouse aging[J]. Plos One, 2018, 13(7): e0201304.

[124] Yin J, Nielsen M, Carcione T, et al. Apolipoprotein E regulates mitochondrial function through the PGC-1alpha-sirtuin3 pathway [J]. Aging (Albany NY), 2019, 11 (23): 11148-11156.

[125] Cioffi F, Adam R H I, Broersen K. Molecular Mechanisms and Genetics of Oxidative Stress in Alzheimer's Disease. [J]. Journal of Alzheimer's disease, 2019, 72 (4): 981-1017.

[126] Ionescu-Tucker A,Cotman C W. Emerging roles of oxidative stress in brain aging and Alzheimer's disease[J]. Neurobiology of Aging,2021,107:86-95.

[127] Tsai C H,Pan C T,Chang Y Y,et al. Aldosterone excess induced mitochondria decrease and dysfunction via mineralocorticoid receptor and oxidative stress In vitro and in vivo [J]. Biomedicines,2021,9(8):946.

[128] Tönnies E,Trushina E. Oxidative stress,synaptic dysfunction,and Al-zheimer's disease [J]. J. Alzheimers Dis.,2017,57(4):1105-1121.

[129] Hou T T,Han Y D,Cong L,et al. Apolipoprotein E facilitates amyloid-beta oligomer-induced tau phosphorylation[J]. J. Alzheimers Dis.,2020,74(2):521-534.

[130] Hogh P. Alzheimer's disease[J]. Ugeskr Laeger,2017,179(12):V09160686.

[131] Zhou J N,Liu R Y,Van Heerikhuize J,et al. Alterations in the circadian rhythm of salivary melatonin begin during middle-age[J]. Journal of Pineal Research,2003,34(1): 11-16.

[132] Zhou J N,Liu R Y,Kamphorst W,et al. Early neuropathological Alzheimer's changes in aged individuals are accompanied by decreased cerebrospinal fluid melatonin levels[J]. Journal of Pineal Research,2003,35(2):125-130.

[133] Wu Y H,Feenstra M,Zhou J N,et al. Molecular changes underlying reduced pineal melatonin levels in Alzheimer disease: alterations in preclinical and clinical stages. [J]. Journal of Clinical Endocrinology & Metabolism,2003,88(12):5898-5906.

[134] Liu R Y,Zhou J N,Heerikhuize J J V,et al. Decreased melatonin levels in postmortem cerebrospinal fluid in relation to aging,Alzheimer's disease,and apolipoprotein E-epsilon4/4 genotype. [J]. Journal of Clinical Endocrinology & Metabolism,1999,84(1):323-327.

[135] Alghamdi B S. The neuroprotective role of melatonin in neurological disorders[J]. J. Neurosci. Res.,2018,96(7):1136-1149.

[136] Liu Y J,Meng F T,Wang L L,et al. Apolipoprotein E influences melatonin biosynthesis by regulating NAT and MAOA expression in C6 cells[J]. Journal of Pineal Research, 2012,52(4):397-402.

[137] Ohkubo N,Mitsuda N,Tamatani M,et al. Apolipoprotein E4 stimulates cAMP response element-binding protein transcriptional activity through the extracellular signal-regulated kinase pathway. [J]. Journal of Biological Chemistry,2001,276(5):3046-3053.

[138] Huang Y,Zhou B,Nabet A M,et al. Differential signaling mediated by ApoE2,ApoE3, and ApoE4 in human neurons parallels Alzheimer's disease risk[J]. Journal of Neuroscience,2019,39(37):7408-7427.

彩　　图

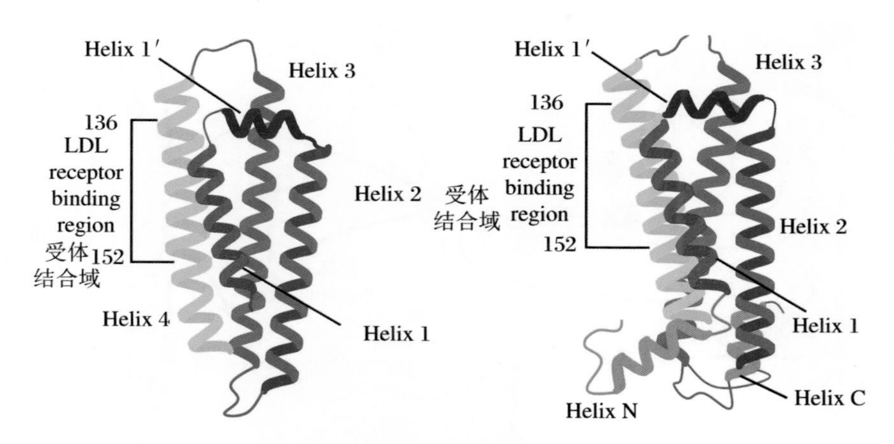

彩图 1　ApoE 的结构

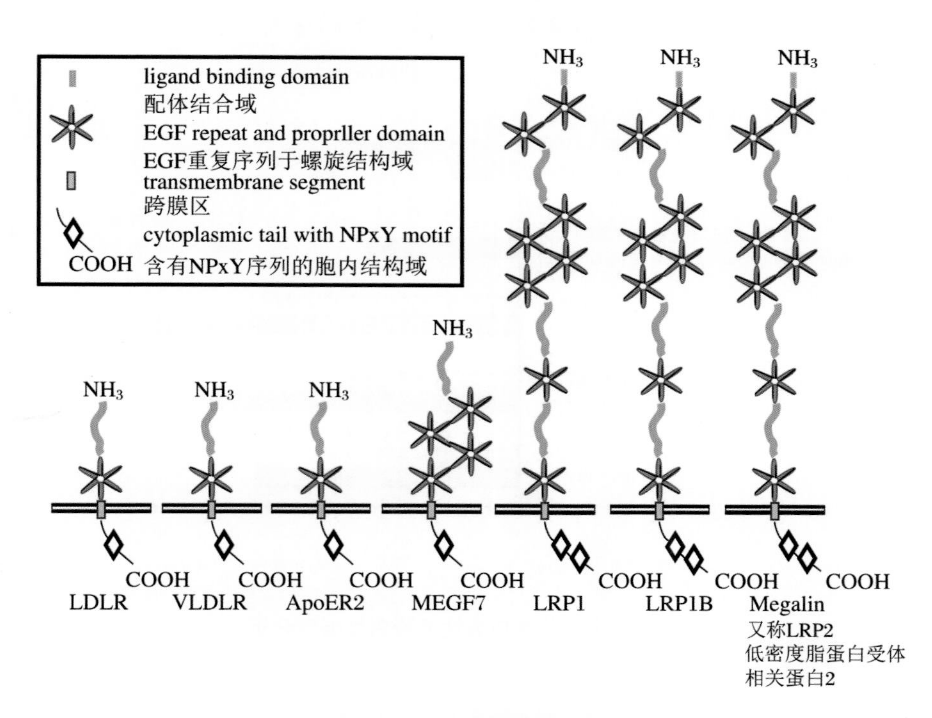

彩图 2　ApoE 受体家族示意图

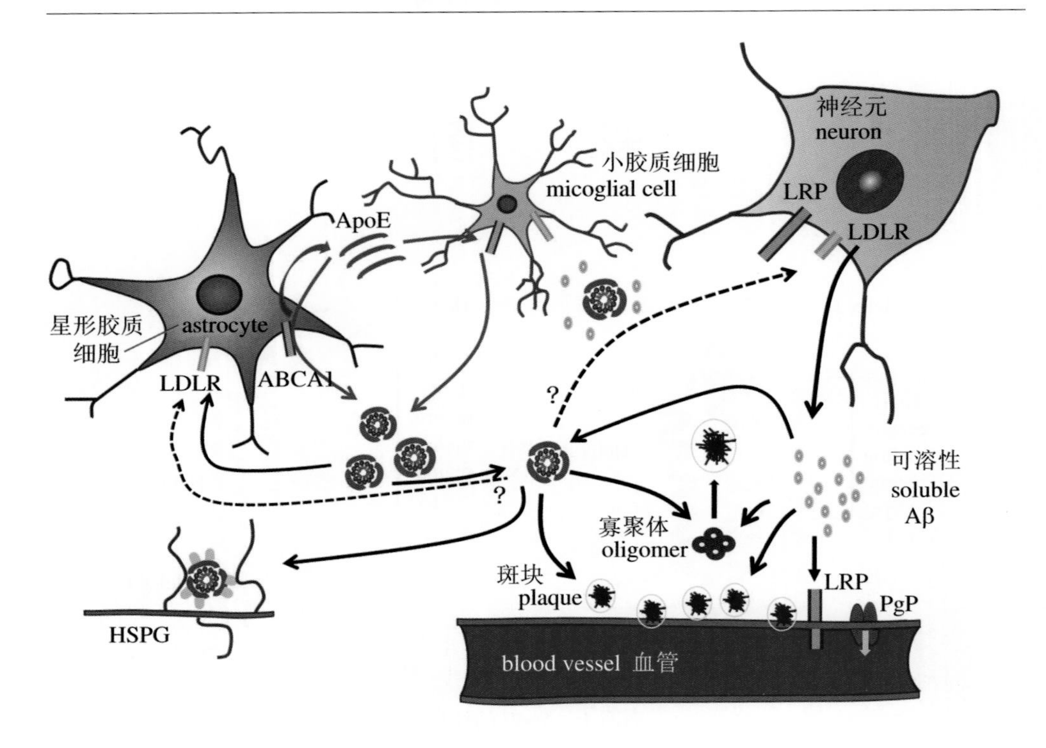

彩图 3　ApoE 对 Aβ 的代谢和清除的影响

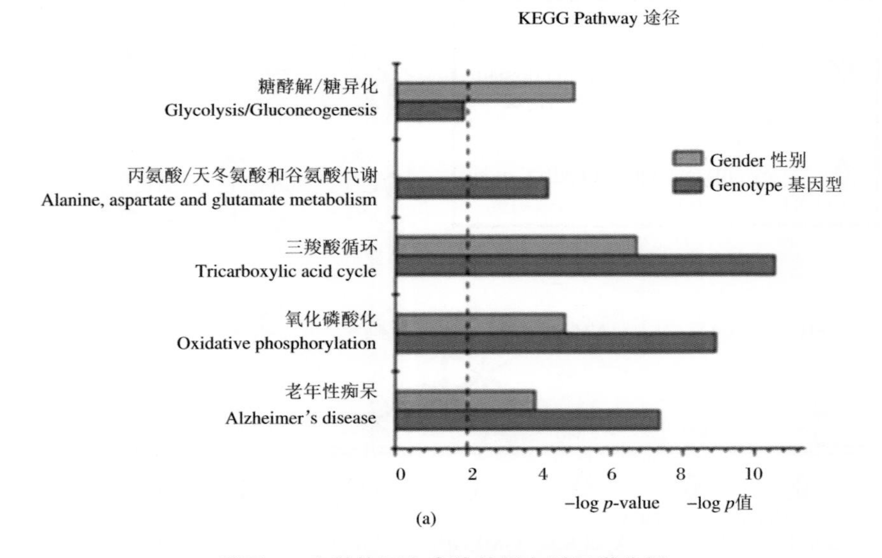

彩图 4　突触体蛋白表达的蛋白质组学分析

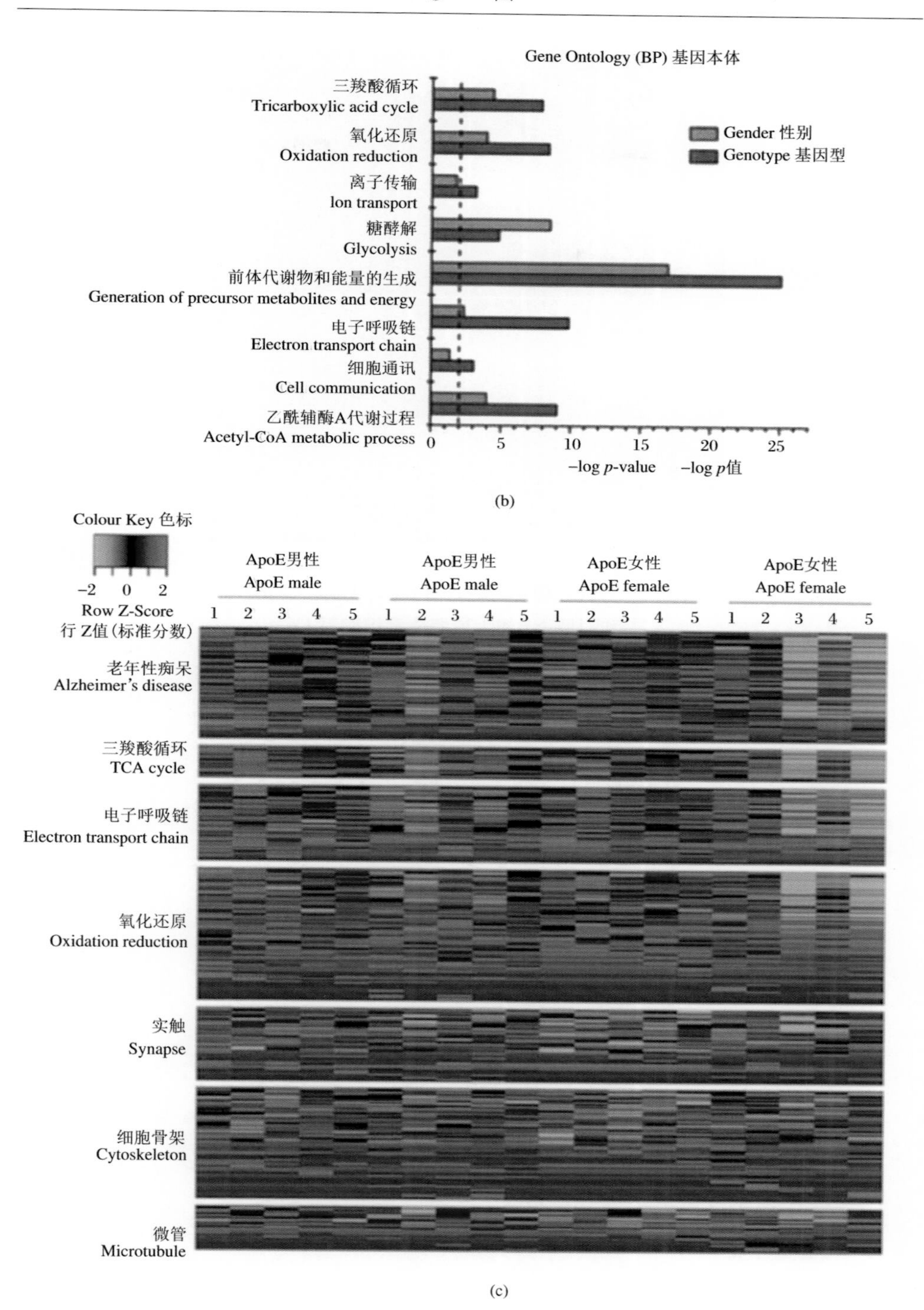

(b)

(c)

彩图 4　突触体蛋白表达的蛋白质组学分析(续)

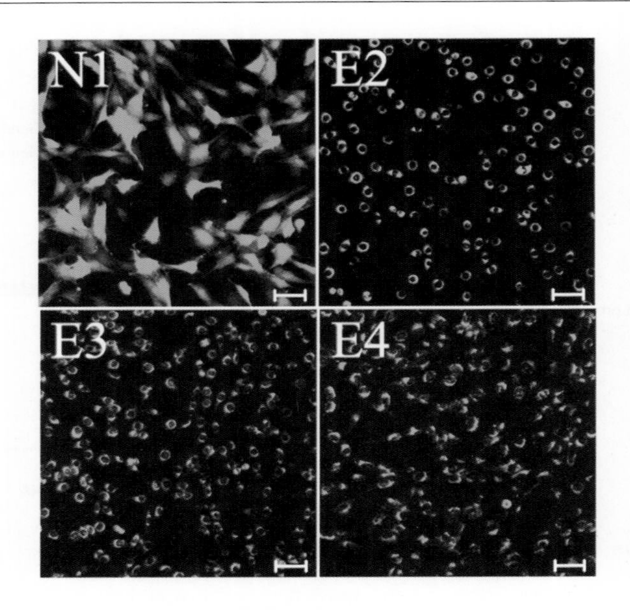

彩图 5　筛选的稳定表达人 ***ApoE*2**、***ApoE*3**、***ApoE*4** 和对照 **N1** 的大鼠胶质瘤细胞系 **C6**